U0137064

熱情積極

馬里——著

最偉大的推銷員成功金律

點燃信念的火花

無論你的計畫多麼詳盡，你不開始行動，就永遠無法達到目標。

喬．吉拉德相信，成功的起點是熱愛自己的職業。

前言

喬·吉拉德是世界上極少數最偉大的推銷員之一：一個滿是衝勁、並且能夠把自己的靈感和態度與其他人交流的人。喬把這一特徵稱爲「火花」。用他自己的話來說，是「有火花才能產生熊熊烈火。」

他連續十二年榮登金氏世界紀錄「銷售第一」的寶座。他所保持的世界汽車銷售紀錄：連續十二年，平均每天銷售六輛汽車，至今尚無人能打破。

喬·吉拉德也是全球最受歡迎的演講大師，曾爲眾多世界五百大企業精英傳授他的寶貴經驗，來自世界各地數以百萬的人們，被他的演講所感動，被他的事蹟所激勵。

喬·吉拉德，一九二九年出生於美國一個貧民窟，從他懂事時起，就開始爲人擦皮鞋、做報童，然後做過洗碗工、送貨員、電爐裝配工和住宅建築承包商等。三十五歲以前，他只能算是一個完全的失敗者，患有嚴重的口吃，換過四十個工作仍然一事無成。之後他開始步入了推銷生涯。

誰能想得到，這樣一個不被看好，而且是背了一身債務、幾乎走投無路的人，竟然能夠在短短三年內，被金氏世界紀錄譽爲「世界最偉大的推銷員」。他一直被歐美商界稱爲「能向任何人推銷出任何產品」的傳奇人物。

他是怎樣辦到的呢？虛心、努力、執著、充滿熱情，是喬．吉拉德成功的關鍵所在。世界最偉大的推銷員「喬．吉拉德」，將幫助你成爲強有力的頂尖銷售專家。

目錄

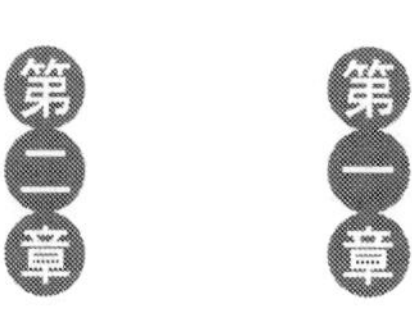

第三章 成長歷程

第四章 喬・吉拉德語錄

世界最偉大的推銷員

喬．吉拉德傳奇

喬．吉拉德是少見的傳奇人物之一：他有著強烈的企圖（野心），並能用他的態度和熱情感染他人。喬把這種特質稱之爲「火花」。用他自己的話來說，是「有火花才能產生熊熊烈火」。他的第一次火花，乍現於他不幸的早期生活。他於一九二八年十一月一日，出生於密西根州底特律市的東部，在那個城市中，有許多悲慘的貧民窟。他居住的地方離他早期的偶像喬．路易斯只有一英里遠。喬．路易斯從貧困中掙脫出來，成爲世界重量級拳王時，喬仍是個在貧困邊緣掙扎的少年。

喬的奮鬥動力來自於他的父親——安東尼奧，一個極其貧窮的西西里人。在他的一生中從未成功過，因此加劇了他身體和精神上的痛苦。同時，他把這一痛苦也帶給了他的長子——喬．吉拉德。喬時常以旁觀者的心態，來猜測他父親的行為，是否有計劃性地把希望放到了他兒子身上，並對他的兒子進行磨練。然而無論真相是什麼，老吉拉德總是經常地責罵他的兒子喬，並告訴他將永遠是一個一事無成的人。這就是喬生命中的第一個火花：決心向父親證明他是錯的。

與此同時，喬的母親卻經常向喬表達她的愛和對他的信心。她認為喬一定會成功的，這是激勵喬的第二個火花：向他母親表明她的愛和判斷都是正確的。

這兩個火花，導致了喬的第一次奮發向上。他明白的第一個道理是：聰明而持久地工作會產生奇蹟。在他九歲那年，放學後匆匆地吃完午飯，喬就逛到附近的酒吧為客人擦鞋。他並不是隨便就做出這樣的舉動，而是經過市調後發現：做生意最好的地方，是人們放鬆並表現出禮節的地方。在酒吧做生意的另一個好處是：當天氣惡劣時，那裏會很溫暖。

在那些日子裏，喬最珍貴的兩件財產——一是他的擦鞋箱，他可以很自豪地坐在其中一個抽屜上為人擦鞋。另一個是喬在理髮廳為人擦鞋的照片。這些經驗給他上了另外一堂有價值的課：遠離酒精。長大後，喬偶爾也會小飲幾杯，但他從未忘記他在酒吧裏所看見的。

成功的喜悅使他開創了另一項事業：送報員。在他十一歲那年，他開始了他的第二項工作：爲底特律自由報社投送報紙。由於它是一份早報，因此喬必須在早上五點三十分起床，並在上學前送完所有的報紙。在自由報社，他很快了解到，報社爲那些拉到新顧客的報童，提供額外的獎金。此外，每得到一位新客戶，還獎勵一份可拉果。不久以後，吉拉德屋後的老倉庫裏，全堆滿了喬努力得來的獎勵。這使得吉拉德家中的四個孩子，能吃到他們父母所無法提供的蘇打冷飲大餐。喬開始漸漸意識到他價值的提高，不久後又開始了他第三項事業投資：爲鄰居小孩低價提供其他小販無法提供的蘇打冷飲。在那些日子裏，他最驕傲的時刻，就是把賺來的錢給他母親的時候，他所賺的錢使吉拉德家中的餐桌上，擺上了極需的食物。

在底特律自由報社的表現，可以被認定是喬的洞察力第一次不尋常的提高。在尋求新讀者的競賽中，最大的獎勵是「一輛嶄新的兩輪自行車」。他才十二歲，本是不應擁有這種小車的年紀。但他想得到這輛自行車，並且知道怎樣贏得這輛車。用他清醒時能用的每一分鐘，挨家挨戶去敲門拉生意。這種方法一直是他的秘訣，他知道這種方法一定會奏效，他所不能理解的是，爲什麼其他的報童，看不到這種顯而易見的方法。喬所贏得的不僅僅是自行車，他還贏得了知識。他認識到，如果他爲工作執行計畫，並堅決地執行計畫，他就會成功。他也了解到大多數人不願做出這樣的犧牲。正如他曾經說的那樣：「任何一個人都可以擊敗我，只是他們不願這樣做。他們沒有強烈的渴望去這樣做。」

喬的青少年時代是艱難而痛苦的，尤其是在家中。他的自尊和驕傲，常常使他和內心充滿仇恨和痛苦的父親，發生直接的衝突。幾乎是有規律性地，他會命令喬離開家。從十四歲開始，喬大部分晚上都是在他家附近地鐵站的車箱裏度過的。在天氣惡劣時，他就用二十五美分在小旅館裏過夜。在這個年紀，他已經可以在放學後找到更高報酬的工作了，例如：洗盤子、卸貨工、投遞員和旅館接待員等。他也利用晚上在附近的游泳池工作，希望能賺到更多的錢。他經常生活在一種恐懼中，他怕一旦沒有足夠的錢拿回家，就得面對父親的憤怒和責罵。

在高一的時候，喬就已結束了正規教育。他所說的話而不是他的名字，被學校記錄了下來——「要正視固執的存在，但不要向它低頭」。喬讓人們認識到，只有他們叫出他的名字，他才會回答。喬對學校的人說：「你們這些人根本沒有認識到社會是怎樣運轉的。」由此，喬得到了貶抑的評價，並被學校開除了。

一九四四年，在十六歲時，喬得到了一份全職工作，在密西根鍋爐公司作鍋爐裝配員。他一個星期賺七十五美元，那是他所能賺到的最大數額，為此他一天要工作十二小時，一個星期工作六天。儘管工作時按標準戴上了保護的面具，他的肺在這一年的鍋爐維修與裝配中仍受到了損害。為此他被迫辭職。直到今天，他還有著嚴重的氣喘病。

此後，他幫助賣水果和蔬菜的小販，用卡車把貨運到底特律的東部去賣。他喜歡這份戶外的工作，並為他的販賣能力而自豪。但是，他意識到在這一行中沒有多大的前途。

毫無目地的，喬在一九四七年一月三日加入了美國步兵團，那年他十八歲。九十七天後，在肯塔基的福特羅克斯，喬摔倒在行駛的軍車附近，為此他的背部受了很嚴重的傷。在承認他曾經在學校的跳水比賽時背部受傷的情況下，他光榮地退伍了。

在接下來的兩年中，喬經常處於不情願的工作中。時常喬會沮喪地想到，是否因爲他缺少教育，才使他只能做這些靠體力的工作。他經常感到喪失勇氣，但從未失去希望。他堅信這個世界總有一個地方是適合他的。在一九四九年，他幸運地認識了亞伯拉罕·沙伯斯汀先生，一位建築商。沙伯斯汀先生是一位熱心、有教養並能理解別人的人。作爲他父親的代理者，他邀請喬加入建築業，並保證能教會喬所有的一切。帶著新的希望，喬於一九五一年六月二日與瓊·克蘭娣結婚，不久後他們就有了二個孩子：約瑟夫和格雷絲。喬與沙伯斯汀先生的友誼不斷地增長，一直到沙伯斯汀在一九五五年退休、並把生意轉讓給喬。

一九六一年，喬訂立合約，在底特律部分地區修建私人住宅。他相信一位房地產觀察員的話，認爲這一地區有良好的下水道系統，但事實並非如此。爲此，房屋必須裝配獨自的陰溝槽，這樣大大降低了房屋的價格。最後，喬破產了。就在一九六二年的耶誕節，喬·吉拉德發現他失去了工作、失去了財產，而且負債高達六萬美元。這是他一生中最不幸的時刻。

在下一年中，喬發現他要爲彌補他的損失和自我而無限地拼搏。喬一直都在尋找工作，但沒有成功。在一九六三年一月的第一個星期，事情已糟得不能再糟了。瓊．吉拉德向她的丈夫哭訴他們家已沒有食物，所以孩子們都出去乞食了。就在那一天，他請求一位雪佛蘭汽車銷售經理僱用他成爲推銷員。那位經理拒絕了他，因爲一方面他缺少經驗，另一方面，一月是傳統的銷售淡季。但喬聲明他只要在汽車行的背後擺張桌子和電話就可以了。在那個晚上，他就賣出了他的第一輛車，並從經理那裏借了十美元買了一袋食物回家。銷售汽車的第二個月，他就賣出了十八輛汽車和卡車。他又重新恢復了生氣，感受到了新生命。讓他更高興的是，汽車的老闆解僱了他，因爲其他銷售員抱怨他野心太大，壓力太強了。

從這一點上，喬認識到他可以去賣汽車。他要向他自己證明，也要向全世界證明——包括安東尼奧．吉拉德。喬很快就受僱於密西根最大的雪佛蘭汽車公司，並會成爲全世界最好的汽車推銷員！

經過十二年不懈的努力，喬比任何的推銷員所賣出了的汽車和卡車多出許多。甚至是他個人賣出的汽車，比其他一些推銷員賣出的總和還要多。沒有其他的汽車推銷員在一年中達到他的成績，無論是推銷汽車還是卡車。

一九七八年一月一日，喬辭職不做了，退出了汽車推銷界。在他推銷汽車期間（從一九六三年到一九七七年），他賣出了一萬三千零一輛汽車，而且全部是零售。現在他大部分的時間都用來寫書、從事演說和指導銷售。

第二章

喬・吉拉德的傳奇故事

01 名片是成功的開始

喬・吉拉德有一個習慣：只要是碰到一個人，他馬上會把名片遞過去，不管是在街上還是在商店。他認爲他的周圍到處都遍布著做生意的機會。

「給你一個選擇：你可以留下我的名片，也可以扔掉它。如果你留下，你就會知道我是做什麼的、賣什麼東西，這樣你就能認識我。」

如果你在給別人名片時心想，這是件很愚蠢、很尷尬的事，那麼你永遠無法自在地把名片給出去。然而，恰恰這些看起來舉動顯得很愚蠢的人，正是那些成功和有錢的人。他們到處用名片，到處留下他們的味道、他們的痕跡。

如果你去餐廳吃飯，給的小費每次都比別人多一點點，同時主動放上兩張名片的話，這樣一來，別人肯定會看看你這個人是在做什麼的，分享你成功的喜悅。人們會談論你、想認識你，根據名片來買你的東西。長年累月下來，你的成功也就來源於此了。

讓吉拉德覺得不可思議的是，有的推銷員回到家裏，甚至連他的妻子都不知道他是賣什麼的。

從今天起，你不要再躲藏了，應該讓別人知道你，知道你所做的事情。因爲推銷的要點不是推銷商品，而是推銷你自己。

02 深深熱愛自己的職業

喬．吉拉德相信，成功的起點是熱愛自己的職業。無論做什麼職業，世界上一定有人討厭你和你的職業，那是別人的問題。「就算你是挖地下道的，如果你喜歡，關別人什麼事？」

他曾問一個神情沮喪的人是做什麼的，那人說是推銷員。喬．吉拉德告訴對方：「推銷員怎麼能是你這種狀態？如果你是醫生，那你的病人會殺了你，因爲你的狀態很可怕。」

他也被人問起過職業。聽到答案後對方不屑一顧：「你是賣汽車的？」但喬．吉拉德並不理會：「我就是一個推銷員，我熱愛我的工作。」

美國前第一夫人埃莉諾．羅斯福曾經說過：「沒有得到你的同意，任何人也無法讓你感到自慚形穢。」喬．吉拉德認爲在推銷這一行尤其如此，如果你把自己看得低人一等，那麼你在別人眼裏也就眞的低人一等了。

工作是通向健康和財富之路。喬・吉拉德認爲，它可以使你一步步向上走。全世界普遍的記錄是每週賣七輛車，而喬・吉拉德每天就可以賣出六輛。有一次，他不到二十分鐘就賣了一輛車給一個人。對方告訴他：「其實我就在這裏工作，來買車只是爲了學習你銷售的秘密。」喬・吉拉德把訂金退還給對方。他說他沒有秘密，若非要說有秘密的話，那就是：「如果我這樣的狀態能夠深入到你的生活，你會受益無窮。」

他認爲，最好在一個職業上待下去。因爲所有的工作都會有問題，明天不會比今天好多少。

但是，如果頻頻跳槽，情況會變得更糟。他特別強調，一次只做一件事。以樹爲例，從種下去、精心呵護，到它慢慢長大，就會給你回報。你在那裏待得越久，樹就會越大，回報也就越多。

03 傾聽的力量

喬・吉拉德說：「有兩種力量非常偉大。一是傾聽，二是微笑。」

「傾聽，你傾聽得越久，對方就會越接近你。據我觀察，有些推銷員喋喋不休。上帝爲何給我們兩個耳朵一張嘴？我想，意思就是讓我們多聽少說！」

喬・吉拉德對這一點的感觸很深，因爲他從客戶那裏學到了這一個道理。喬花了近半個小時，才讓一位客戶下定決心買車，而後，喬所需要做的只不過是讓他走進喬的辦公室，簽下一紙合約。

當他們向喬的辦公室走去時，那人開始向喬提起他的兒子，因爲他兒子就要考進一所有名的大學了。他十分自豪地說：「喬，我兒子要當醫生。」

「那太棒了。」喬說。當他們繼續往前走時，喬卻看著其他的推銷員。

「喬，我的孩子很聰明吧！」他繼續說，「在他還是嬰兒時，我就發現他相當聰明。」

「成績非常不錯吧？」喬說，仍然望著別處。

「在他們班上是最棒的。」那人又說。

「那他高中畢業後打算做什麼？」喬問道。

「我告訴過你的，喬，他要到大學學醫。」

「那太好了。」喬說。

突然地，那人看著他，意識到喬太忽視他所講的話了。「嗯，喬，」他突然說了一句：「我該走了。」就這樣，他走了。

下班後，喬回到家裏想想今天一整天的工作，分析他所做成的交易和失去的交易，喬開始思索白天他客戶離去的原因。

第二天上午，喬打了一通電話給昨天的那位客戶說：「我是喬·吉拉德，我希望您能再來一趟，我想我有一輛好車可以賣給您。」

「哦，世界最偉大的推銷員先生，」他說，「我想讓你知道的是，我已經從別人那裏買了一輛好車了。」

「是嗎？」喬說。

「是的，我從那個欣賞、讚賞我的人那裏買的。當我提起對我的兒子吉米有多驕傲時，他是那麼認眞地傾聽。」

隨後他沈默了一會兒，又說：「喬，你並沒有在聽我說話，對你來說，我兒子吉米成不成爲醫生並不重要。好，現在讓我告訴你，你這個笨蛋。當別人跟你講他的喜惡時，你得注意聽著，而且必須全神貫注地聽。」

頓時，喬明白了他當時所做的事情。喬此時才意識到自己犯了個多麼大的錯誤。

「先生，如果那就是您沒從我這兒買車的原因，」喬說，「那確實是個不錯的理由。如果換我，我也不會從那些不認眞聽我說話的人那兒買東西。先生，十分對不起。然而，現在我希望您能知道我是怎樣想的。」

「你是怎麼想的？」他說道。

「我認爲您很偉大。我覺得您送兒子上大學是十分明智的。我敢打賭您兒子一定會成爲世上最出色的醫生。我很抱歉讓您覺得我無用，但是您能給我一個贖罪的機會嗎？」

「什麼機會，喬？」

「有一天，如果您能再來，我一定會向您證明我是一個忠實的聽眾，我會很樂意那麼做。當然，經過昨天的事，您不再來也是無可厚非的。」

三年後，他又來了，喬賣給他一輛車。他不僅買了一輛車，而且也介紹了他許多的同事來買車。後來，喬還賣了一輛車給他的兒子，吉米醫生。

04 微笑的力量

喬說，有人拿一百美金的東西，卻連十美金都賣不出去，爲什麼？你看看他的表情。要推銷出去自己，面部表情很重要：它可以拒人千里，也可以使陌生人立即成爲朋友。

笑可以增加你的面值。喬．吉拉德這樣解釋他富有感染力、並爲他帶來財富的笑容：皺眉需要九塊肌肉，而微笑，不僅用嘴、用眼睛，還要用手臂和整個身體。

「當你笑的時候，整個世界都在笑。一臉苦相，沒有人會願意理睬你。」他說，從今天起，直到你生命的最後一刻，用心笑吧！

「世界上有六十億的人口，如果我們都找到兩大武器：傾聽和微笑，人與人之間就會更加接近了。」

05 讓信念之火熊熊燃燒

「在我的生活中，從來沒有『不』，你也不應有。『不』，就是『也許』；『也許』，就是肯定。我不會把時間白白送給別人的。所以，要相信自己，一定會賣出去，一定能做到。」

「你認爲自己可以，就一定可以，每天要不斷地向自己重複強調。」

「你所想的，就是你相信你一定會成就你所想的，這些都是非常重要的自我肯定。Impossible（不可能），去掉Im，就是Possible（可能）了。要勇於嘗試，之後你會發現你所能夠做到的，連自己都會驚異。」

喬・吉拉德說，所有的人都應該相信：喬・吉拉德能做到的，你們也能做到，我並不比你們好多少。而我之所以做到，便是投入了專注與熱情。

一般的推銷員會說，那個人看起來不像是一個買東西的人。但是，有誰能告訴我們，買東西的人長得是什麼樣子？喬．吉拉德說，每次有人路過他的辦公室，他內心都在吼叫：「進來吧！我一定會讓你買我的車。因爲每一分一秒的時間都是我的花費，我不會讓你走的。」

三十五歲以前，喬．吉拉德經歷過許多失敗。記得那次慘重失敗以後，朋友都棄他而去。但喬．吉拉德說：「沒關係，笑到最後才算笑得最好。」

他望著一座高山說：「我一定會捲土重來。他緊盯的是山巔，旁邊這麼多小山頭，他一眼都不會看。」

三年以後，他成了全世界最偉大的推銷員，「因爲我相信我能做到。」

「有件事很重要，大家都要對自己保證，保持熱情的火焰永不熄滅，而不像有些人起起伏伏。」喬說。

03 愛是唯一的訣竅

喬．吉拉德說：「有人不相信我怎麼能編出這樣的故事來？我要打開你們的腦海、你們的心，讓你們知道，我能做到的，你們也能做到。」

喬．吉拉德自信地說：「我打賭，如果你從我手中買車，到死也忘不了我，因爲你是我的！」

「我賣車有些訣竅。就是要爲所有客戶的情況都建立系統的檔案。我每月要發出一萬六千萬張卡片。並且，無論有沒有買我的車，只要與我有過接觸，我都會讓他們知道我記得他們。我寄卡的所有意思只有一個字：愛。世界五百大企業中，許多大公司都在使用我創造的這套客戶服務系統。」

「我的這些卡片與垃圾郵件不同，它們充滿愛。我每天都在發出愛的資訊。」

成長歷程

01 點燃信念之火

「在我的生活中，從來沒有『不』這個字」。

「我相信我能做到。」

——喬・吉拉德

1. 找尋信念

「要怎樣做，才能推銷成功？」

「要怎樣做，才能成爲一位成功的推銷員？」

秘方在哪裏呢？秘方就在你的心中。就如同任何一位獲得成功的人，在他的內心中，都存在著一個堅定不移的信念，這個信念讓他克服橫阻在前面的障礙、困難，這個信念讓他勝過其他的對手。

推銷是漫長而持久的工作，你必須啓動心靈的力量，而心靈的力量來自於平日的鍛鍊與儲蓄。

第一個信念：

成爲專業推銷員的第一個信念，就是確信你能提供給客戶有意義的貢獻，若心中沒有這個信念，你是無法成爲一流的推銷員的。

第二個信念：

是要眞心誠意地關心別人。關心是贏得信賴的敲門磚，信賴有如冬天裏的暖流，烈日中的清風，能掃除人與人之間的隔閡。

信賴在推銷的過程中，是最珍貴的媒介。有了它，客戶不再對你設下防備的柵欄；有了它，客戶能坦誠地向你訴說他眞正的期望。

「關心」不能只止於「我眞的想關心你」。關心是要拿出實際的行動；關心是「我能知道客戶想要什麼」；關心是「我知道客戶的喜好」；關心是「我知道什麼樣的資訊客戶需要，我會設法提供給客戶」；關心是「不管生意做不做得成，我想和你做個好朋友。」

第三個信念：

是積極與熱誠。

只要你做一天的推銷員，積極與熱誠就是你的本能。本能是一種自然的反應，是不打折扣的，是不需要理由的。

作為一位成功的推銷員，失去了積極與熱誠，有如藝術家失去了靈感，有如發電機失去了動力，你還能期望自己能打開客戶閉塞的心扉嗎？

積極與熱誠是會感染的，你不但能將積極、熱誠傳播給你的客戶，同時也能將你此刻的積極與熱誠，傳染給下一刻的你。因此，每天早上起來的第一件事——告訴自己要積極、熱誠。

第四個信念：

推銷員在進行推銷時，要面對五十次以上的「不需要」、「沒預算」、「不喜歡」、「太貴」的拒絕，才會產生一個有望客戶（hot prospect）。你若是沒有堅強的意志，是很容易被擊垮的。

所以，第四個信念是：有堅定的意志力。

意志力的第一個考驗是，不管多麼艱辛，你一定要有堅定的信念達成目標。

意志力的第二個挑戰是，你必須驅策自己，確實地執行你每日的推銷計畫，完成你每天已計畫要做的事。

第五個信念是：要尊重客戶。

尊重客戶的最基本點是，任何時刻對客戶一定要誠實，絕不欺騙、虛應你的客戶。客戶的「挑剔」，就是你的改善點，你要虛心誠意地接受，並盡最大的努力改善。

你尊重你的客戶，所以要增進自己的專業知識，才能給客戶最好的建議；你尊重你的客戶，所以你要站在客戶的利益點爲他們考慮；你尊重你的客戶，所以不能爲了自己的利益，給客戶帶來任何困擾；你尊重你的客戶，所以要讓你的客戶每多花一分錢，都能獲得多一分的價值。

2. 創造奇蹟在於信念

信念不是一種知識，不是一種理論，也不是一時的狂熱，它是慢慢形成的。

信念是依據過去的經驗逐一證實的想法，這個想法經過愈多次的證實，信念就愈堅定。

推銷和其他任何偉大的工作一樣，在你嚐到甜美果實、享受自得與榮耀前，路途上會有許多挫折與困難需要你克服。能夠伴隨你克服艱辛疲憊的利器，就是你自己在推銷工作上所秉持的信念。

雖然有一些成功的專業推銷員的成功信念寫出來提供給你，但在你沒有親自逐步孕育、驗證前，這些信念究竟僅停留在「知」的階段，你仍然無法擁有支持你成爲一流專業推銷員的成功秘訣——信念。

因此，從現在這一時刻起，你就必須建立你自己的信念，這就是你成爲傑出推銷人才的秘訣。

3.擁有強烈的成功企圖

心態始於心靈，終於心靈。換句話說，你要想擁有持續完成任務的積極心態，首先就要有一種對成功的強烈渴望或需要。

對於成功的渴望和企圖心，永遠是一個成功的推銷員所必備的條件。

他們對於銷售他們的產品，具有無比的動力和熱誠；他們想要成爲頂尖的人物；他們有著強烈的成功欲望；他們絕對不會允許任何事情阻礙他們達成目標。

一個沒有企圖心、沒有強烈成功欲望的推銷員，實際上是一個沒有未來、沒有希望的推銷員。

一位成功的推銷員，應該具備一股鞭策自己、鼓勵自己的內動力。只有這樣，才能在大多數人因膽怯而裹足不前的情況下，或者在許多人根本不敢參加的場合下大膽向前，向推銷的更高境界邁進。

正是這種推銷員，憑著高度的樂觀、自信和上進心，憑著鞭策鼓勵自己的內動力，才能克服害怕遭人白眼和被拒絕的「心魔」，勇敢地去向每一個他可能遇到的陌生人推銷自己的商品。

4.保持積極的心態

積極的心態是正確的心態。

正確的心態是由「正面」的特性所組成的，比如信心、誠實、希望、樂觀、勇氣、進取、慷慨、容忍、機智等。

至於消極的、頹廢的心理態度，它的特性都是反面的。

如果你始終保持積極的心態，養成「立刻行動」的習慣，那麼你就會在處理事務時，能夠從潛意識裏得到行動的指令，將想法付之於行動。

怎樣才能保持良好的積極心態呢？答案是：從工作中尋求滿足。

也許工作並不是那麼容易，那你應該多做調整，來配合自己的個性和能力，使自己快樂。這種方式可以使你的態度由消極變為積極。

如果你能培養熾烈的欲望來這樣做，就可以用新的看法和習慣來改變原有的。不過在改變自己的看法和習慣之前，要先做好面對各種衝突的準備。

只要願意付出代價，你就一定可以獲勝。

一旦新的心態發揮控制力量，舊有的習性自然會溜走。這樣你就會快樂起來，因爲你做的是合乎自己心意的事。

5.時時進行自我激勵

向上的力量是每一種生物體所具有的本能。

所有生物體都是有生命的，連蜜蜂和螞蟻都具有這種本能。

這種能量還存在於所有昆蟲和動物身上，連埋在地裏的種子，也存在著這樣的力量。正是這種力量激發它破土而出，推動它向上生長，並向世界展示自己的美麗與芬芳。

這種激勵也存在於我們人體內，它推動我們完善自我，追求完美的人生。進取心是一種偉大的自我激勵力量，它會使我們的生活更加美好。

當你養成了一種不斷自我激勵、始終向著更高目標前進的習慣時，你身上所有的不良品質就會逐漸消失。

正如藝術家需要欣賞的讚美一樣，推銷員也需要成功的業績來激勵他，讓他每天保持活力，好讓他日漸壯大，並能夠自豪地說：我是成功的！

時時憧憬成功之時的情景，以使自己更加堅信「精誠所至，金石為開」這一格言。成功並不遙遠，它就在我們周圍的方寸之地。

你想要保有進取心，就需要時時激勵自己，要堅信「我一定能完成自己的目標」；「我一定能成為公司的推銷冠軍」；「我一定能成為全國一流的推銷高手」；「我一定能成為世界級的超級推銷大師」。

以這些信念去行動，你就能克服一切困難、不辭勞苦、勇往直前，你就能達到你的目標！

6.每天保持旺盛的鬥志

當你所做的是第一線的推銷活動時，最重要的一件事，便是設法取得每一天的第一張合約。

讓每一天都有一個好的開始，讓每一天都是令人充滿信心又愉快的日子。取得合約是從事推銷工作最大的成就，它不僅是行動的成果，更是凝聚了你所耗費的智慧。

一旦你投身推銷界，你就得面對永無止境的自我挑戰，爲證明自我、爲突破自我，勇往直前，絕不輕易回頭。

每個人夢寐以求的，無非是證明自己在人生的搏鬥中，是個不敗的勇者，而推銷正是最適合論證這個結論的行業。

拿出你的鬥志來，展示你的才華，挖出你的潛力！

02 你就是唯一

「一切由我決定，一切由我控制。」
「一切奇蹟都要靠自己創造。」
「我是最棒的。」

——喬・吉拉德

1.做自己命運的主人

「心想事成」，這話一點也不假。思考中若帶有堅定的目標和不屈不撓的決心，其力量之大眞如排山倒海、勢不可擋。尤其是當你有一股深切的渴望，要把行動目標和決心，轉化爲財富或其他實質性的目標時。

恒利曾寫下了有警世意味的名言：「我是自己命運的主宰，我是自己靈魂的船長。」

他告訴我們，我們心中的信念，會使我們的頭腦化爲磁場，然後不明所以地，牽引著那與之共鳴的人、情境和力量，親近我們。

你要相信自己的能力。我們中間的大多數人，都具有非凡的潛在能力，但這種潛能在大部分時間裏，都處在酣睡蟄伏的狀態。它一旦被喚醒，就會做出許多神奇的事情來。

你可以與那些信任你、鼓勵你、讚許你的人在一起；你也可以和那些永遠嘲笑你的希望、揶揄你的理想、時常在你的熱心上澆冷水的人在一起。但這對於你生命潛能的發揮，將產生天壤之別的影響。

當你試著走進失敗者的隊伍中，去詢問他們的得失時，你將會發現，大部分人之所以失敗，是因爲受不了別人的冷言冷語而中途放棄了。

所以，在任何情況下，你都應不惜一切努力，投入你自我發展的道路上去。

去親近那些力圖在這個世界上有所表現的人吧——他們有高遠的目標，有宏大的志氣；親近那些精誠懇切的人吧——他們樂於助人，能助你努力服務於社會。

你是自己命運的主宰，只有你才能決定你要走的路。

2.我是世上獨一無二的人物

我們都是自然界最偉大的奇蹟。每個人都是不一樣的，人類不會再有另一個人具有你的思想、你的心臟、你的眼睛、你的耳朵、你的雙手、你的頭髮和你的嘴巴。

沒有一個以前存在的人，沒有一個今天活著的人，沒有一個明天將來的人，能夠恰好像你一樣地走路、說話、行動和思考。

你是世上獨一無二的，這就是你的標誌。

就算沒有指紋，也能在人群中識別你：你的聲音與眾不同，透過聲音可以找到你；你的氣息也異於他人……

要相信自己的與眾不同，不要再徒勞地模仿別人。反之，你要把你的獨特性放到推銷中去。

你要宣傳它，並推銷它。

從現在起，你要開始強調你的差別性，藏匿你的共同性。

你也要把這個原則，應用到你推銷的產品上。你要這樣說：「我這個推銷員和產品都和其他的不同，我以這種差別感到自豪。我相信一切由我決定，一切由我控制。」

3. 自信是你的本能

除了人格之外，人生最大的損失莫過於失掉自信心。當一個人失去自信心時，一切事情都將不會再有成功的希望。正如一個沒有脊椎骨的人，永遠挺不起腰站直一樣。

自信心對於事業簡直是一種奇蹟，有了它，你的才幹就可以取之不盡、用之不竭。一個沒有自信心的人，無論有多大本領，也不能抓住任何機會。

支流不會高於它的源頭之水，你事業上的成功，也必有其源頭。這個源頭，就是自信。

不管你的天賦有多高、能力有多大、教育程度多麼精深，你在事業上所取得的成就，總不會高過於你的自信：「如果你認爲你能，你就能；如果你認爲你不能，你就不能。」

當你和客戶會談時，言談舉止若能表現出充分的自信，就會贏得客戶的信任，客戶信任了你，才會相信你的商品說明，從而心甘情願地購買。

透過自信，才能產生信任，而信任，則是客戶購買你的產品的關鍵因素。

如果你對自己和自己的產品充滿了自信，那你必然會有一股「不達目的，絕不罷休」的氣勢。堅持下去，勝利終究會屬於你！

在這個世界上，有許多人以為別人所有的種種幸福，是不屬於他們的；以為他們是不配擁有的；以為他們是不能與那些命運特佳的人相提並論的。然而他們不明白，這樣的自卑自抑、自我抹煞，是會大大縮減自己生命的。

自信心是比金錢、勢力、家世、親友更有用的要素。它是人生最可靠的資本，它能使人克服困難、排除障礙、不怕冒險。對於事業的成功，它比什麼東西都更有效。

你是最重要的人。

你可以瞭解自己的能力、體力、智慧及心靈的力量，並加以運用，開創富足、充實的人生。瞭解真正的自己是可貴的發現。發掘內在最大的本能，一切都操之於己；克服恐懼、憂慮與懷疑，引導你在自己所屬的領域獲得成功。

信心是一種積極的態度，是靈魂的泉源，讓你完成計畫、實現目標、並達成願望。

你的自信心會影響到你的客戶，所以時時建立你的自信，用你的自信掃除成功路上的一切障礙——這是戰勝一切的訣竅。

4.外在形象很重要

喬．吉拉德說過：「推銷的頭號產品——自己！」，而要能夠眞正地推銷自己，首先要有外表，其次是讓人感受到你的能力。

內在美固然重要，但誰也看不到，反而外表是人們評斷一個人的第一標準。

一個人的內在價值、個性行爲等固然重要，但別人要經過長時間的交往才能判斷。最直接且最迅速造成印象的，是你的外表。

你的穿著打扮和身體動作，是決定你外表形象的重點。你是否受到談話對象的重視、尊敬和好感，或者是反感，看外表就差不多確定了。

正所謂：人要衣裝，佛要金裝。一項缺陷會影響其他方面，如果兩項缺陷合在一起，就構成了你的致命缺陷。

因此，你要從穿著打扮和調整外表著手，從頭到腳，處處表現出你的形象。

同樣一個人，穿著打扮不同，給人留下的印象也完全不同，對交往對象也會產生不同的影響。

美國有位推銷專家做過一個實驗，他本人以不同的打扮出現在同一地點。當他身穿西服、以紳士模樣出現時，無論是向他問路或問時間的人，大多彬彬有禮，而且他們看起來基本上也是紳士階層的人；而當他打扮成無業遊民時，接近他的多半是流浪漢，或是來找火借菸的。

因此，如果你衣衫不整地去推銷，對方會覺得你缺乏誠意，也不會相信你會有什麼好東西。

在這裏特別點明外表形象的重要性，是因爲你走出去是什麼模樣，人家就會怎麼待你！

5. 成為行業中的權威

你必須事先充分瞭解自己的生意，要不然，客戶就會明顯地感到你簡直毫無準備。

胸有成竹不僅可以使你贏得客戶的尊敬，而且有助於更好地掌握推銷控制權。

記住，人們只會更尊敬那些深諳本職工作的推銷員。

比如，房地產經紀人不必去炫耀自己，比別的任何經紀人都更熟悉市區地形。事實上，當他帶著客戶，從一個地段到另一個地段到處看房子的時候，他的行動已經表明了他對地形的熟悉。

當他對一處住宅作詳細的介紹時，客戶就能認識到推銷員本人絕不是第一次光臨那處房屋。同時，當討論到抵押問題時，推銷員所具備的財會專業知識，也會使客戶相信自己能夠獲得優質的服務。

當你透過豐富的知識，使自己表現出一定的權威性，你就能得到回報。

而要想得到回報，你必須努力使自己成爲本行業中，在各個業務方面敏銳的學生。

你要想使自己說出的話透出權威的氣息，就不僅應當掌握產品知識，而且應當具備與此相關的背景知識。許多老練的客戶，他們更看重你的敏銳眼光，並且依賴於你的權威意見，從而決定怎樣買和買多少。

那些定期登門拜訪客戶的推銷員，一旦被認爲是該領域的專家，他們的銷售額就會大幅度增加。比如，醫生更依賴於經驗豐富的醫療設備推銷員，而這些能夠贏得他們信任的代表，正是本行業中成功的人士。

不管你推銷什麼，人們都尊重專家型的推銷員。在當今的市場上，每個人都願意和專業人士打交道。一旦你做到了，客戶就會耐心地坐下來，聽你說那些你想說的話。

「我就是一個銷售員，我熱愛我做的工作。」
「就算你是挖地下道的，如果你喜歡，關別人什麼事？」
——喬・吉拉德

1.熱愛自己的職業

成功的起點是熱愛自己的職業。無論做什麼職業，世界上一定有人討厭你和你的職業，那是別人的問題。

喬・吉拉德認爲，在推銷這一行尤其如此，如果你把自己看得低人一等，那麼你在別人眼裏也就眞的低人一等。

工作是通向健康和財富之路。它可以使你一步步向上爬升。

一個身強力壯的小伙子，沒有一點工作的幹勁；另一個是老當益壯的六旬老叟，卻能把工作做得比所有的人都好。把這兩個人加以比較，似乎有些荒謬，然而卻發人深省！

顯而易見，其差別在於態度——前者不熱愛自己從事的工作，而後者酷愛自己的工作。

一般來說，人們越是熱愛自己的工作，幹勁就會越大。不僅如此，要是我們熱愛某項工作，終究會把那項工作作好的。

有人對各行各業被公認爲「成功者」的人進行調查，發現他們有一個很大的共同點，就是他們都熱愛自己的工作。

對你來說，也應是如此。幹了一輩子推銷工作的喬·吉拉德就說：「有人說我是天生的推銷員，因爲我十分熱愛銷售工作，我確實認爲，我早年成功的主要原因，是我熱愛推銷工作。我認爲，與我在一起的其他推銷員比我更有才能，但是我的推銷額卻比他們的多，這是因爲我拜訪的客戶比他們多。在他們看來，推銷工作是單調乏味的苦差事。在我看來，它卻是一場比賽。」

其實，推銷工作是很有意思的，因爲你的努力會日復一日、月復一月明確地呈現出成果，所以它是展現你能力的最佳舞臺。

不僅如此，在接觸各式各樣客戶的過程中，你還可以一面工作，一面學習各種知識。

當你精通推銷的奧秘，成為一個成功而老練的推銷員後，不管將來你轉向什麼職業，你都能夠成功。

推銷這一行，可以說是成為萬能選手之道。因此，要想成為一個成功的推銷員，只有能力強的人才能達到，其他的人是望塵莫及的。

2. 人人都是推銷員

我們每個人實際上都在進行自我推銷，不管你是什麼人，從事何種工作，無論你的願望是什麼，若要達到你的目的，就必須具備向別人進行自我推銷的能力。只有透過自我推銷，你才能取得成功，才能實現你的美好理想，達到你的目的。

實際上，每個人都是「推銷員」。

現代社會是一個推銷的社會，我們每一個人都需要推銷，我們每一個人都在從事推銷。我們無時無刻不在推銷自己的思想、觀點、產品、成就、服務、主張、感情等等。

人人都是推銷員，任何事都與推銷有關，自從你出生以來，你就一直在推銷。

小時候，你用哭鬧向媽媽推銷，接到的訂單就是牛奶和媽媽溫暖的懷抱。

當你稍大一點的時候，你就向媽媽推銷你的天眞、活潑和可愛的天性。

當你知道錢可以買東西的時候，你又採取「賴皮式推銷法」，一直哭到父母給零用錢爲止。

後來，你又向你的父母推銷你的看法，以此來達到你的目的。

你向老師推銷，要求他給你記一個高一點的分數。

你向戀人推銷感情，你的第一次約會是推銷，說服對方相信你能帶給他「安全、幸福和快樂的一生」。

你向朋友推銷「忠誠、關心、體貼和永不磨滅的友誼」。

你向上司推銷你的建議。

你向兒女們推銷爲人處世的道理。

你向部下推銷你的決策。

你向社會推銷你的理論。

演員向觀眾推銷表演藝術。

發明家推銷自己的發明。

律師向法官推銷辯護詞。

老師向學生推銷科學文化知識。

男人推銷自己的風度和才華。

女人推銷自己的溫柔和美麗。……

可見，作爲一門說服的科學和藝術，推銷現象無時不在、無處不在。上至國家元首，下至貧民百姓，無一不需要推銷。

所以，如果有誰說瞧不起推銷這門職業，或者瞧不起推銷員，你就可以理直氣壯地盯著那個人的眼睛，認眞地說：「正是由於我和像我一樣的人在從事銷售工作，你才能拿你賺的全部收入買東西。」

3. 推銷是勇敢者的職業

推銷是勇者才能從事的職業。從事推銷活動的人，可以說是與拒絕打交道的人。

在現實生活中，不會有客戶見到你上門來推銷商品時，笑容可掬地出門相迎：「歡迎、歡迎，您來得正好！」、「眞是雪中送炭！」隨後便掏腰包成交。果眞如此，就用不著推銷員了。

你從舉手敲門、客戶開門、與客戶的應對進退，一直到成交、告退，每關都是荊棘叢生，沒有平坦之路可走。

有人把推銷比喻爲戰爭，並引用一位在戰爭中失去一條腿的軍官的話，來描述「看不見的敵人」的可怕：「最恐怖的是眼睛看不見的敵人。與眼睛看得見的敵人作戰，心中多少有些充實感；但在密林中作戰，看不見敵人，衝進去卻沒有抵抗，時間五分鐘、十分鐘地過去，靜謐中可怕至極。恐怖成了我心中的敵人……」

你也有兩大敵人：看得見的敵人——競爭對手，和看不見的敵人——你自己。

你在面對日復一日的拒絕時，如果沒有頑強的鬥志和必勝的信念，免不了會產生「受不了啦！我再也受不了啦！我不想再做啦！」的逃避思想，這就是心中看不見的敵人之一。要想戰勝這種看不見的敵人，除了你自己給自己打氣外，別無良策。

推銷員沒有所謂的先天資質，推銷員要靠自己去創造、塑造！最重要的必備條件就是：你要有高昂的工作士氣。工作士氣高昂的推銷員比工作士氣低落的推銷員，能發揮出數倍的效率。

只要你全力以赴地去推銷，就一定能達到目標。

要有「無論如何也要成功」的堅定信念。唯有如此，你才會想盡一切辦法去與客戶接觸，說服客戶購買自己的商品。

4.完全地投入工作

一個人對某個目標投入的程度深淺，其衡量的最好指標，便是他是否持續不斷地自我超越。

因此，行動是衡量承諾的唯一指標。同時，對一個目標的承諾，也意味著你必須有決心克服所有可能遇到的阻礙和困境。

成功猶如馬拉松競賽，必須堅持到底，跑完全程，才能取得最後的勝利；遇難而退卻，只會導致前功盡棄。

懶惰和氣餒是承諾的破壞者，但眞正的致命殺手卻是在遭遇困境時，來自內心或外界的懷疑之聲。

當懷疑之聲泛起時，最重要的戰勝之道就是摒棄情緒和感覺，而完全依賴理性的思考和堅定的信念。

完全地投入工作中，並在一個職業上待下去。所有的工作都會有問題，明天不會比今天好多少。但是，如果頻頻跳槽，情況會變得更糟。

一次只做一件事。像種樹那樣，從種下去，精心呵護，到它慢慢長大，就會給你回報。

你在那裏待得越久，樹就會越大，回報也就越多。

5.運用熱情

熱情無疑是我們最重要的秉性和財富之一。不管我們是三歲或三十歲，六歲或六十歲，九歲還是九十歲，熱情使我們青春永駐。

不管你是否意識到，每個人都具備著火熱的激情，只是這種熱情深埋在人們的心靈之中，等待著被開發利用，爲建設性的業績和有意義的目標服務。

你要找到自己的熱情，正如信心和機遇那樣。

熱情全靠自己創造，而不要等他人來燃起你的熱情火焰。

缺少自身的努力，任何人都無法使你滿腔熱情；沒有自身的努力，任何人都無法使你渴望去達到目標。

熱情應該是一種能轉變爲行動的「思想」，一種動能，它像螺旋槳一樣，驅使你達到成功的彼岸，但首先你得有一個決心要達到的目標。

熱情意味著對你自己充滿信心，能望見遙遠之巔的勝利景色。

你能集中自己的全部精力，勇氣百倍；你也能夠自律自利；你運用自己的想像力，修身養性，日臻完善；在你渴求悔過時，能迅速回到現實中來，那你就能獲得成功了。

美國的哲學家、散文家及詩人愛默生說過：「沒有熱情，任何偉大的業績都不可能成功。」

不管是什麼樣的事業，要想獲得成功，首先需要的就是工作熱情。推銷事業更是如此。

因爲推銷員整日、整月、甚至整年地到處奔波，辛苦推銷商品，其所遭遇的失敗不用說了。就是推銷工作所耗費的精力和體力，也不是一般人所能吃得消的，再加上失敗甚至連連失敗的打擊，可想而知，推銷員是多麼需要熱情和活力！

可以說，沒有誠摯的熱情和蓬勃的朝氣，推銷員將一事無成。所以，你不僅要鍛鍊健康的體魄，更重要的是具有誠摯熱情的性格。

熱情就是推銷成功與否的首要條件，只有誠摯的熱情，才能融化客戶的冷漠拒絕，使你「克敵致勝」。

熱情是世界上最大的財富。它的價值遠遠超過金錢與權勢。熱情摧毀偏見和敵意、摒棄懶惰、掃除障礙。

一時的熱情容易做到，但一個成功的推銷員要把熱情變成一種習慣。「我們養成習慣，然後習慣成就我們。」擁有熱情的人，無論處於什麼環境，都可以有所作爲。

6.幸運來自實力

說起幸運，就像是「遇到不可思議的事，總要請求吉凶之兆」一般。例如，有的人就忌諱自己要走的路，若有貓、狗穿過，必定會繞道而行，或是深信中午之前不能付錢，否則必會破財。這種人在現實生活中不勝枚舉。

有位推銷員每次都數樓梯的數目，若爲奇數就前進拜訪客戶，若是偶數就選擇另一條路。因爲他認爲選擇奇數路線後，即使被十幾家拒絕，那只是幸運之神尚未降臨，若是不灰心繼續努力，好運總會到來。其實，這可以說是一種「自我暗示」，因爲他執意將奇數視爲呼喚幸運的徵兆。

因爲人生有著太多變化，令人難以捉摸，所以，很多人才會將一些原本尋常之事用來預測自己的運氣。然而，作爲推銷員，你應該認識到，推銷工作本身就是坎坷難行的，有什麼困難只能靠自己去克服，求神拜佛是沒有用的。

所謂的運氣，是隱藏在實力之中的，有了實力，才有了運氣。

所謂：「一分耕耘，一分收穫」，只有勤學、勤練，推銷工作才能順利展開。

天下沒有不勞而獲的事情，運氣也要靠勤學苦練，才會出現在你面前。

推銷是條漫長而又艱辛的路，不但得時時保持十足的衝勁做業績，更得秉持著一貫的信念，自我激勵、自我啓發，才能堅強地面對重重難關。

尤其是在陷入低潮時期，若無法適時做好自我調節，推銷這一條路勢必將劃上永遠的休止符。有很多前景頗爲看好的推銷員，就是因爲衝勁夠但卻無法保持下去，而悄然從這一璀璨的行業中引退。

成功唯勤，別無他法。不切實際的人往往是說得多做得少，而光說不練是絕對無法達到目標的。

04 推銷你自己

「推銷的要點不是推銷商品，而是推銷你自己。」

「從今天起，大家不要再躲藏了，應該讓別人知道你，知道你所做的事情。」

——喬・吉拉德

1. 進行自我表現

進行自我表現，也就是要隨時隨地表現出你自己的能力，讓別人都注意你。

不引人注意的推銷員，是一個失敗的推銷員。

作為一個推銷員，你每天都要面對許多不同類型的客戶，因此你必須具備許多不同的能力和技巧，要讓你想認識的人也認識你，這就是你的生存之道。

如果把推銷的能力區分爲兩大部分，第一部分就是屬於內在的推銷專業技巧；第二部分則是屬於外在的行爲表現。

內在的推銷技巧和專業素養，可以透過不斷地學習來獲得，但是外在的行爲表現，卻要由內心膽量的提升，才有辦法可以達到，而且和每個人的個性息息相關。

有些個性內向的人，很難突破自我限定的障礙，總是不敢面對現實而顯現出消極懦弱的態度，實在很難想像作爲推銷員，他會有多大的成就。

自我設限是你成功的絆腳石，一定要徹底地根除，一定要抱有這樣的心態：我要讓每個人都認識我。

如果你的專長可以應付所面對的各種困難，自然會在外表上充滿了自信的神采。這些自信是讓你展示自己、表現自己的基礎。有了信心，會幫助你散發魅力，勇敢地說出自己的想法。

善於表現自己能力的人，一定先要肯定自我，並由肯定的過程中，誘發自信的能量，使自己不會擔心害怕別人的眼光，一心一意只爲了說服他人而展現自己的才能，以此作爲與別人溝通的最佳途徑。

需要注意的是，在表現自己的同時，注意不要太誇張。有時表現過度，會引起別人的反感，甚至是厭惡。

在表現自己時，不要忘了修鍊你的自我控制能力。這樣可以避免在別人過度的渲染下或是自己莫名的膨脹心態中，呈現出不可一世的傲人氣息。

2.使自己更完善

高山滑雪是人與環境以及時間之間的競賽。然而，輸贏的人之間並不存在相當大的差距，而只是極短的時間差。

第一名的時間是一分三七・二二秒。

第二名的時間是一分三七・二五秒。

也就是說，冠軍與輸家之間，只差〇・〇三秒，連眨眼的時間都不夠！

到底冠軍與輸家之間有什麼不同呢？運氣？也許是。但也許是冠軍多下了一點點功夫，多花了一點點時間。也許是冠軍肯下功夫對付自己的壞習慣，直到把它從自己的行爲中戒除掉。這樣，他在高山滑雪時就會少用了一點點時間，而這就足以使他成功。

在推銷時也是如此。

首先，你得承認，你確實有一些，或許是很多壞習慣。而且你知道它們是什麼，或許是拖拉、放縱、懶惰、邋遢、壞脾氣、缺乏毅力。

肯定不止這些，你肯定心裏明白，只要這些不良習慣存在，你就不可能有太大地長進。

要是華盛頓沒有學會靠自制力改變他那火爆的壞脾氣，恐怕他也就無法叱吒風雲地率領沒有受過訓練的民兵，戰勝英國的軍隊，恐怕他也不會成為美國第一任總統。

班傑明．富蘭克林大概算得上是美國歷史上最有影響力的偉人。他博學多才，他是愛國者、科學家、作家、外交家、發明家、畫家、哲學家。他自修法文、西班牙文、義大利文、拉丁文，並引導美國走上獨立之路。

但是，就連富蘭克林也有不好的習慣，正如他自己清楚的那樣。與眾不同的是，他下決心想方設法改變它們。他不愧是一個發明家，他為自己制定了一個戒除惡習的妙方。

他首先列出了獲得成功必不可少的十三個條件：節制、沈默、秩序、果斷、節儉、勤奮、誠懇、公正、中庸、清潔、平靜、純潔、謙遜。

在那本不朽的自傳中，他提及了使用這個妙方的方法。「我打算獲得這十三種美德，並養成習慣。爲了不致分散精力，我不指望一下子全做到，而要逐一進行，直到我能擁有全部美德爲止。」

弗蘭克．貝特格，這位善寫自我激勵一類書籍的作家，曾在《從失敗到成功的推銷經驗》一書中寫到：「當富蘭克林七十九歲時，寫了整整十五頁紙，特別記敘了他的這一項偉大發明，因爲他認爲自己的一切成功與幸福都受益於此。」

富蘭克林在自傳中寫道：「我希望我的子孫後代能效仿這種方式，這將對他們有所收益。」

弗蘭克．貝特格效仿富蘭克林的妙方，從一個平庸的推銷員，成爲了美國人壽保險事業的創始人。

你也可以如此，使自己變得更完善，再把自己推銷出去。

3. 推銷成敗在於你自己

除了那些出類拔萃，確有魅力的商品，以及那些不可用其他商品替代的特殊商品（而這種商品實際上是很少的）之外，客戶的購買意願，並不是由商品本身來決定的。

客戶的許多反應，往往是對你的印象和感觸。因此，在進行推銷之前，你要清醒地認識到：

這次推銷能否取得成功的關鍵，並不僅在於商品的優劣、價格、等級，而在於你自身的素質。

一般來說，我們對自己所喜歡的人所提出的建議，會比較容易接受也比較容易相信。當然，我們對於自己所懷疑、討厭或不信任的人，自然對他們的產品和服務也相對不信任了。

許多的銷售行爲都建立在友誼的基礎上，我們喜歡向我們所喜歡、所接受、所信賴的人購買東西，我們喜歡向我們具有友誼基礎的人購買東西，因爲那會讓我們覺得放心。

所以，一個推銷員是不是能夠很快地和客戶建立起很好的友情基礎，與他的業績具有絕對的關係。

人是自己的一面鏡子，你越喜歡自己，你也就越喜歡別人。而你越喜歡對方，你也就越容易與對方建立起良好的友誼基礎，他們自然而然地願意購買你的產品。

實際上，引起他們購買動機的不是你的產品，而是你這個人。人們不會向自己所討厭的人買東西。

世界上最成功的頂尖推銷員都具有親和力，也都是容易與客戶建立良好關係的人。

至於那些失敗的推銷員，因為他們的自信心低落，自我價值和自我形象低落，所以他們不喜歡自己，他們討厭自己。

因此，從他們的眼中看別人的時候，就很容易看到別人的缺點，也很容易挑剔別人的毛病。他們容易討厭別人、挑剔別人、不接受別人，自然而然地，他們沒有辦法與別人建立起良好的友誼。

這些人缺乏親和力，因為他們常常看他們的客戶不順眼，他們常常看這個世界，看許多人都不順眼。因此他們的業績低落。

一個被我們所接受、喜歡或依賴的人，通常對我們的影響力和說服力也較大。

親和力的建立，是人與人之間影響及說服能力發揮的最根本條件，親和力之於人際關係的建立和影響力的發揮，就如同蓋大樓之前，必須先打好地基的重要性是一樣的。

所以，學習如何以有效的方式和他人建立良好的關係，是一個優秀的銷售人員所不可或缺的能力。

4. 多與人接觸

一天二十四小時，一千四百四十分鐘，時間對每一個人都是公平的。「時間就是金錢」這句話用在推銷員身上，眞是再恰當不過了。

怎麼充分利用寶貴的時間呢？美國保險推銷大師約翰·沙維其認爲：任何降低或延緩與客戶建立直接的、帶個人色彩關係的活動，都應該避免。

因爲這對推銷員來說，並沒有在累積資源，只是浪費時間而已。

有些推銷員非常聰明，也酷愛鑽研，簡直把手中的產品琢磨透了，成爲產品知識的專家。遺憾的是，他們的業績往往和他們的知識成反比。

有一個剛剛進入保險公司的推銷員開完早會後，在辦公室看資料，他的經理問他在幹什麼？

他說：「我在研究條款。」

「你得出去，」經理說，「你不出去跟人談，永遠無法讓人瞭解你的產品。」

推銷員看到的是條款，經理看到的是產品；推銷員考慮的是如何研究條款，而經理是設想怎麼銷售產品。不會賣東西的人和會賣東西的人，其區別就在這裏。

一定的分析商情工作能讓你事半功倍，但不能本末倒置。你不與客戶商談，不要指望能做出什麼業績。而商談的最佳方式，就是面對面地商談。

你聽說過「見面三分情」嗎？多見幾次面，與對方建立起人與人之間的關係，而不單單是冷冰冰的工作關係，你才能為自己的發展打下牢固的基礎。

5.記住別人的名字和面孔

當你向別人遞出名片時，出於禮貌，對方也會給你他的名片。當你接到別人的名片時，千萬不要草草一看就了事，而應該對著對方的臉孔，記下他的名字。這樣有助於你在下一次見面時，能夠順利叫出他的名字，進而帶給對方一份親切感。

人們常常會忘記別人的名字，可是如果有任何人因爲不把自己放在眼裏而記不住自己的名字，我們就會感到不高興。

記住別人的名字是非常重要的事，忘記別人的名字簡直是不能容忍的事情。尤其是對於你來說，記住別人是至關重要的，因爲能夠熱情地叫出對方的名字，從某種程度上表現了對他的重視和尊重，好感就會由此產生。

準確無誤地叫出每一位客戶的名字，會讓這個人感覺自己很重要，感覺有人在乎他，使他覺得自己很了不起。

如果你能讓某人覺得自己很了不起，他就會滿足你的所有需求。

如果你還沒有學會這一點，那麼從現在開始，留心記住別人的名字和面孔。用眼睛認眞地看，用心去記，不要胡思亂想。

熟人見面時最好叫出對方的名字。大家都願意別人叫自己的名字。所以，你不用管他是幹什麼的，和你的關係是否親密，儘管自自然然地叫出他的名字。

作爲推銷員，你不僅要記下客戶的姓名和電話號碼，還得記住那些秘書和接待員的姓名，以及其他相關人員的姓名。

每次談話時，如果你能叫出他們的名字，他們便會高興異常。這些人樂意幫助你，會常常給你帶來很多方便。

記住別人的名字和面孔，你就能贏得別人的好感。

賺錢靠人緣，他人的名字就是無形的財富。

6.引起別人的注意

你在接觸潛在客戶時，有沒有感到恐懼？通常情況下，不論我們接觸客戶的方式是電話或面對面的接觸，每當我們剛開始接觸潛在客戶的時候，大部分的結果都是以客戶的拒絕而收場。

當你接觸客戶時，你所講的每一句話，都必須經過事先充分的準備。因爲每當你想要初次接觸一位新的潛在客戶時，他們總是會有許多的抗拒或藉口。他們可能會說：「我現在沒有時間，我不需要……」等等的藉口，客戶會想盡辦法來告訴你，他們不願意認識你。所以接觸潛在客戶的第一步，就是必須突破客戶的這些藉口。如果無法有效地突破這些藉口，你永遠也沒有辦法開始對產品的銷售。

每當你接觸客戶的時候，時常會發現客戶仍在忙著其他的事情。而在這個時候，如果你不能在最短的時間內，讓他們將所有的注意力轉移到你的身上，那麼你所做的任何事情都是無效的。

唯有當客戶將所有的注意力都放在你身上時，你才能夠眞正有效地開始你的銷售過程。

爲了讓客戶注意你，在面對面的推銷過程中，說好第一句話是非常重要的。

開場白的好壞，幾乎可以決定一次推銷過程的成敗。換言之，好的開場白就是推銷成功的一半。

大部分客戶在聽你第一句話的時候，要比聽後面的話認眞得多，聽完第一句問話，很多客戶就自覺或不自覺地決定了儘快打發你上路，還是準備繼續談下去。

專家們在研究推銷心理時發現，洽談中的客戶在剛開始的三十秒鐘所獲得的刺激訊號，一般比以後十分鐘裏所獲得的要深刻得多。

因此，最好的吸引客戶注意力的時間，就是在你開始接觸他的頭三十秒。只要你能夠在前三十秒內完全吸引住他的注意力，那麼後續的銷售過程就會變得更加輕鬆。

設身處地的站在客戶的立場問問你自己，爲什麼他們應該聽你的，爲什麼他們應該將注意力放在你的身上，記住！開場白只有三十秒。

7. 消除對名人的恐懼

你有沒有向名人推銷的經驗？你有沒有想過把你和你的產品介紹給那些有名的人物？如果沒有，這說明你還缺乏勇氣與信心。

有人曾問過美國推銷大師弗蘭克．貝特格，在向名人推銷時有沒有害怕過？他說，不只是害怕，簡直是驚恐。

很多年前，在初從事推銷保險這一行時，一想到會見那些名人，他就感到手足無措。但是他知道，要想在推銷保險上成功，就得多親近這些名人。

他所面對的第一個名人是休斯先生，海崖汽車公司的老闆。經過多次預約才能見到休斯先生，為此，一走進休斯那裝飾豪華的辦公室，他就緊張得不得了，連說話的聲音都發抖起來。

過了一會兒，他不再發抖，但仍然緊張得不能把一句話說的完整。

然而，休斯先生很友善地說：「不要緊張，來，放鬆一點，我年輕時也像你這樣。」經過他熱情的鼓勵，弗蘭克的心裏平靜了，手腳不抖了，腦子也清楚了。

那一天，他並沒有向休斯先生賣出保險，但獲得了比賣出一份保險更有價值的東西。他明白了這樣一條原則：如果你害怕，你就承認。

恐懼是因為勇氣不足，承認自己沒有足夠的勇氣面對名人，並把這點牢記在心中。以後接觸多了，你心中的勇氣大增，恐懼就自然消失了。

其實，有些經常拋頭露面的人士面對公眾時，偶爾也會感到恐懼。

莫里斯．伊文斯是公認的、世界上最傑出的莎士比亞劇的演員。但在一九三七年春天於紐約皇家劇院舉行的、美國戲劇藝術學院的畢業典禮上，他卻因爲緊張而語無倫次。當時，他不知道怎麼回事，緊張得說不下去。他說：「我準備了很久，但我在這麼多重要的來賓面前感到恐懼，以至於不知所云。」伊文斯公開承認他的恐懼，男女老幼都被他感動。大家依然十分喜愛他。

所以，你不要僅僅因爲恐懼這個愚蠢的理由，而不敢冒險去爭取與名人結識的機會。

不去試一試，你永遠無法知道自己是否有能力在推銷上更上一層樓。

你要知道，那些聞名遐邇的人物也是可以接近的，實際上，這也正是他們可以成功的原因之一。

高高在上的人最終是無法成功的。他們也願意聽取新的主意，也喜歡和推銷員保持密切的聯繫。

8. 眞心對別人感興趣

只要你眞心地對別人感興趣，你將會發現在兩個月之內，你所得到的客戶，會比一個要別人對他感興趣的人，在兩年之內所結識的人還要多。

已過世的維也納著名心理學家亞佛．阿德勒，在其一本書說道：「對別人不感興趣的人，他一生中的困難最多，對別人的傷害也最大。所有人類的失敗，都出諸於這種人。」

豪華．哲斯頓被公認爲是魔術師中的魔術師。前後四十年，他到世界各地，一再地創造幻象，迷惑觀眾，使大家吃驚得喘不過氣來。共有六千萬人買票去看他的表演，而他賺了將近兩百萬美元的利潤。

他成功的秘訣在哪裏呢？他的學校教育當然跟這一點關係也沒有，因爲他在很小的時候就離家出走了，變成了一名流浪者。

他的魔術知識是否特別優越？不，他自己就這樣說過。關於魔術手法的書已經有好幾百本，而且有幾十個人跟他懂得一樣多。

但他有兩樣東西，其他人則沒有。第一，他能在舞臺上把他的個性顯現出來。他是一個表演大師，他瞭解人類天性。他的所做所爲，每一個手勢，每一個語氣，每一個眉毛上揚的動作，都在事先很仔細地預演過，而他的動作也配合得分毫不差。

此外，最關鍵的一點是，哲斯頓對別人眞誠地感興趣。他說，許多魔術師會看著觀眾，而對自己說：「嗯，坐在底下的那些人是一群傻子、一群笨蛋；我可以把他們騙得團團轉。」但哲斯頓的方式不同，他每次走上臺，就對自己說：「我很感激，因爲這些人來看我的表演。他們使我能夠過著很舒適的生活，我要把我最高明的手法，表演給他們看。」

正是因爲哲斯頓對別人感興趣，才獲得了空前的成功。你雖然是推銷員，不是魔術師，但這一定律同樣適用。

不要希望客戶會主動對你感興趣，你應該對客戶充滿了興趣。

你對別人感興趣的時候，也正是別人對你感興趣的時候。

05 讓實力說話

「我一定會讓你買我的車。因爲每一分一秒的時間都是我的花費，我不會讓你走的。」

——喬・吉拉德

1. 成為博學的人

如果你的知識貧乏，你就不可能是一名優秀的推銷員。在推銷這一行業中，出類拔萃者無一不是擁有廣博學識的人。

眞正的推銷員，永遠都不會認爲他已掌握了所有應當掌握的知識。世界上的知識日新月異，要想掌握全部的資訊顯然是不可能的。作爲一名優秀的推銷人員，要妥善處理好與各類客戶之間的交往關係，必須盡可能地學習與掌握廣博的知識。

你對自己的產品或服務的信心和完備的專業知識，會直接影響你的客戶，只有擁有精深的專業知識，才能替客戶做最好的理財規劃。

你有多喜歡、瞭解和相信自己的產品，決定了你在銷售過程中，所傳遞的熱情和影響力。

說服本身就是一種信心的轉移，成功的推銷員對他們的產品和服務具有絕對的信心，這種一致性說服的影響力，才是最大的影響力。

你的客戶永遠不會比你還要相信你的產品，所以如果你不相信你的產品和服務，你的客戶又如何能夠相信這些產品和服務呢？如果他們不相信，又怎麼會買你的東西？

你不可能銷售連你自己都不相信的產品和服務，你必須對你自己的產品和服務抱有百分之百，甚至超過百分之百的信心和興趣，這樣你才能夠把這種影響力傳達到你的客戶身上。

頂尖的推銷員對他們的產品和服務，有百分之百的信心和百分之百的熱誠，他們非常喜歡並非常熱愛他們的產品和服務。

即使不付給他們薪水，他們也願意把他們的產品和服務及點子告訴別人。當你具有這樣一種對產品和服務的熱誠和信心時，你離成功也就不遠了。如果你想獲得極大的成功，你就必須在自己的推銷範圍內成爲一名專家。你必須在有限的領域內成爲眞正的權威，對你所推銷產品的每一個細節都無所不知。

2. 培養高超的推銷技能

銷售是一門專業的領域，是透過不斷地學習與磨練而來的。人的一生是透過不斷地學習而進步成長的，想要業績好，就得學習如何銷售與推銷。這個道理再簡單不過了，就如同你想把網球打好，就得找個好老師教你如何打網球。

有許多推銷員，口口聲聲說想要把業績做好，卻非常吝嗇於投資時間和金錢在學習成長上，這種錯誤的觀念所造成的損失是非常大的。

缺乏產品知識或銷售能力的不足，時常會造成大量的時間浪費，這是推銷員時間管理不善的一個重要原因。

如果你對產品的知識瞭解得不夠豐富，當客戶問起你關於產品的某些問題時，你無法立刻答覆；或者因爲所具備的銷售技巧不熟練，而當客戶提出某些購買疑慮時，無法當場解除客戶的疑慮，那麼你必須和客戶再約定下一次的見面時間，或再次打電話給這位客戶。

每當這種情形發生時，也就表示你已經喪失了最佳的與客戶締結合約的時機。當你下一次見到這位客戶時，你得從頭說服他一次，甚至他已經對你的產品完全不感興趣了。這樣一來，你不但浪費了大量的時間，同時也損失了一個可能的潛在客戶。

所以，掌握了一定的推銷技能，你才有了推銷的基本武器裝備，才能夠上陣作戰。

3. 尋找一切機會學習

經常學習新的知識，每天學習改善推銷的方法，是你提高推銷技巧的根本保證。

不管推銷對象是誰，在什麼場所推銷，你都必須滿懷信心地面對每一個客戶，發揮你的潛力。

你所遇到客戶的種種不滿情況，都是你學習的材料。他們將使你成爲更精明、更傑出的推銷員。

「閉關自守」的推銷員是不會成功的。所以，你首先應該向客戶學習，從他們的不滿和疑問中，從他們的交易習慣和方式中，從他們的言談舉止中，學習你認爲有用的東西。

除了向客戶學習，你還必須特別留心觀察別的推銷員的推銷方法，和各種推銷技巧的運用。

你應該知道，不管你是多麼精明能幹，在商場上，隨時都會有人準備將你取而代之。這些人也許比你更加精明，更加鬥志昂揚，在推銷上也可能比你更有法子。

因此，你必須加以注意、細心觀察，從他們那裏學到你所沒有的技巧、方法以及方式，從他們那裏得到重要的啓發，改進你自己的工作。

「山外有山，樓外有樓」，切不可自以爲是，認爲別人都不如自己，那你可就要吃大虧了。

你要知道，這些人無時無刻不在處心積慮地想突破你過去的銷售成績，超越你的地位。這一事實，你必須牢記在心，不斷鞭策自己虛心學習，加倍努力。

此外，別忘了向你自己學習。

向你自己的成功學習，累積寶貴的經驗；向你自己的失敗學習，吸取不可多得的教訓。

這就如同參加考試一樣，你首先應該複習，在複習中把各種可能的情況都儘量考慮到。那樣到考試時你才能得心應手。

對推銷來講，面對眞正的客戶就是一場考試。學習各種知識，就是這場考試的複習，複習得好才能考得好。

4. 擁有敏銳的洞察力

在日常生活和工作中你可以發現，有些人擅長於察顏觀色，而有些人對別人的態度變化則顯得遲鈍木訥，這說明不同的人其敏感性和洞察力是有一定差別的。

如果你具有敏銳的觀察能力和行爲上相應的靈活性，從這個角度來看，你是比較適合於從事推銷工作的。

有一些推銷高手，厲害到能把見過的陌生人，從頭到腳、如數家珍地描述出二、三十樣的小事物出來，即使跟他相處時間極其短暫。這種觀人入微的本領，對推銷來說是極爲有利的。

當然，這種本事是要經過不斷地訓練、累積經驗才能擁有的。

如何才能提高你的觀察能力呢？

答案是：有好奇心就夠了！

好奇心是推銷高手特有的一種厲害本質。對人、對事、對一切能讓這個世界團結運轉的東西好奇。

好奇是出自內心的一種疑問，要是有足夠的好奇心，一個月之內能學到的知識，會比別人一年學的還多！

只要擁有想觀察並發問，外加學習的那股動力，只要你對事事好奇，就等於對這世界，對周圍的人、事、物張開了另一雙眼睛。

有了完全不同的正面觀點，你的經驗寶庫就會迅速充實。

5. 靈活應變才吃得開

社會環境是不斷變化的，每一因素的變革，都會對推銷的產品產生重要的影響。

在市場競爭的條件下，有新的企業加入競爭行列，就會出現新的推銷對手。

社會環境的複雜性和企業面臨情況的多變性，都要求你具有適應變化的能力與技巧。

在推銷工作中，你必須要機敏靈活，隨時應付可能發生的各種突發事件。推銷的實施過程並非一帆風順，它有順利發展的時候，也有遇到風險的低谷時期。對於偶發事件如何處理，直接關係到推銷活動能否順利地擺脫僵局，走出低谷。

當你在進行推銷時，會遇到千變萬化的情況。這要求你要沈著冷靜、機智靈活地逐一處理，把不利的突發因素化解，甚至化爲有利的因素，同時又絕不放過任何一個有利的突發因素，爲自己的推銷加碼。

有一個推銷員當著一大群客戶的面，推銷一種強化玻璃酒杯。在他進行完商品說明之後，就向客戶作商品示範，也就是把一個強化玻璃杯扔在地上而不會破碎。可是他碰巧拿了一個質量沒有過關的杯子，猛地一扔，酒杯砸碎了。

這樣的事情在他整個推銷酒杯的過程中還未發生過，大大出乎他的意料，他感到十分吃驚。而客戶呢，更是目瞪口呆。因爲他們原先已十分相信這個推銷員的推銷說明，只不過想親眼看看以得到一個證明罷了，結果卻出現了如此尷尬的局面。

此時，如果推銷員也不知所措，沒有應對之策，讓這種沈默繼續下去，不到三秒鐘，一定會有客戶拂袖而去，交易會因此而遭到慘敗。但是，這位推銷員靈機一動，說了一句話，不僅引得大家哄堂大笑，化解了尷尬的局面，而且更加博得了客戶的信任，從而大獲全勝。

這位推銷員是怎麼處理的呢？

原來，當杯子砸碎之後，他沒有流露出驚慌的情緒，反而對客戶們笑了笑，然後沈著而富有幽默地說：「你們看，像這樣的杯子，我就不會賣給你們。」大家禁不住一起笑了起來，氣氛一下子變得活躍。緊接著，這個推銷員又接連扔了五個杯子都沒有破，博得了信任，很快就推銷出了幾十打酒杯。

6.注意你的肢體語言

達文西曾經說過，精神應該透過姿勢和四肢的運動來表現。

在日常推銷和人際交往中，你的一舉手一投足、一昂頭一彎腰，都能展現特定的態度，表達特定的涵義。在整個的產品介紹過程中，你的肢體語言是非常重要的。肢體語言的影響力，比你的文字和口頭語還要重要。

首先，你的體勢傾向會流露出你的態度。

在推銷交往中，如果你身體各部位的肌肉繃得緊緊的，可能是由於緊張、拘謹、畏怯，在與地位高於你的人交往時常會如此；也可能是你內心充滿了對立，不準備與對方友好交往。在這種情況下，不論出於哪種因素，對方都很難與你坦率交往。

當你身體各部位都十分放鬆，坐立都無定姿，就顯得內心十分坦率，是一種開放式的交往神態。但有時過於隨便，顯得無所謂，甚至隨便拍拍對方的肩，在社交場合就不太雅觀，甚至會引起對方的不快。

推銷專家們認爲，身體和放鬆程度是一種資訊傳播行爲，向後傾斜十五度以上是極其放鬆；前傾約二十度，向一邊傾斜不到一度是較爲自然的交往姿態；最拘謹的是肌肉緊張、姿勢僵硬，這就缺乏應有的風度了。

其次，你的手勢動作也可以看作是極爲豐富複雜的符號。中國的傳統是很重視交往中的姿態的，認爲這是一個人是否有教養的表現，因此素有大丈夫要「立如松，坐如鐘，行如風」之說。

在推銷交往中，手的動作更能起到直接溝通的作用。對方向你伸出手，你也迎上去握住它，這是表示友好與交往的誠意；而你若無動於衷地不伸出手去，或懶懶地稍稍握一下對方的手，則意味著你不想與他交朋友。

在交談中，你向對方伸出拇指，自然是表示誇獎，而若伸出小指，則是貶低對方。對此都是應該雙方不言自明的、不可隨意濫用的符號。

肢體語言之所以在整個銷售技巧中，占有很高的比例，主要的原因，是由於肢體語言能夠活潑地結合商品和銷售者，展現出容易令客戶接受的觀念與想法，而且可以快速與直接地獲得客戶的信賴。

不要小看肢體語言。如果你運用不當，很可能惹惱了客戶而不自知，到時候吃虧的就是你自己了。

7. 把產品推銷給每個人

有一種說法，叫「不能根據封面來判斷一本書」，這句話用在推銷業上是再合適不過了。

不管一個人住在哪裏，不管他是什麼膚色，年老還是年少，以何為生，宗教信仰和性別如何；不管他的穿著打扮怎樣；不管他提出什麼樣的藉口和異議，沒有一個人能事先判斷出哪個客戶是買主，哪個不是買主。

如果能夠事先知道哪個客戶是買主，就不會有專業推銷員這個職業了，因為沒有人再需要他們去推銷了。

在推銷工作尚未完全展開之前，就斷定客戶不會買，這無疑是自殺行為。如果你的產品不要錢，那麼每個人都會想要的。因此，妨礙人們購買的唯一因素就是錢。

你看不到銷售數字，看不到錢，你就不能斷定推銷結果。有鑑於此，你應盡最大的努力與每一個客戶周旋，只有銷售數字才是實實在在的東西。

要知道，你見到的每個客戶都被其他人推銷過。因此，你要做的就是竭盡全力，或者說做得要比其他人更好。

你應該堅信，你見到的每個合格的客戶都會買你的產品。這樣說的根據在於，你對自己有著十足的信心。

你只有相信自己，才能讓別人相信你。

再說一遍，如果你有一個合格的客戶，永遠也不要假定他不會買你的東西。

認眞地捕捉客戶發出的資訊。你聽到的不是消極方面，而是積極方面。不能把任何一個人當作是浪費時間的人，或者是流浪漢，而是把他們視爲國王和王后。

用你特有的待人接物方法，你就能夠達到目的。

誰能知道客戶的金元寶藏在什麼地方呢？錢不放在桌上，你永遠也不會知道他有錢。

你可以向最不可能的客戶推銷你的產品，特別是你覺得某人有特殊之處時，接近他並幫助他。

頂級推銷員能迅速地與大家建立關係，這使得他們能與潛在客戶，形成一種直接的聯繫。

這些東西並非天生如此，而是靠多與潛在的客戶接觸鍛鍊出來的。

06 向著目標努力

「我會向著目標，把所有發動機全部啓動。」
「我笑著面對他：我的錢在你的口袋裏。」

——喬．古拉德

1. 有目標才會成功

成功的推銷員永遠有絕對的目標導向，他們有著非常明確的目標，他們非常詳細地規劃他們的行動，他們會把目標做成詳細的計畫。

沒有目標，就如同想要在大霧中射中箭靶一樣，所以你必須知道你明確的目標。

你必須把目標牢記在你心中，常常不斷地告訴你自己，你的目標是什麼。

每個人的潛意識中，都有一種如同導彈一般的自動導航系統的功能，所以一旦你設定了明確的目標，而且讓你的潛意識明確接受了你的目標，那麼你的潛意識就會做出反應，讓你趨向於這個目標，去幫助你達成這個目標。

如何擬定明確目標和詳細計畫，以及讓你的潛意識幫助你達成這一目標，是做為一名成功的推銷員非常重要的一個因素。

你的潛意識會做任何事情，它會幫助你每天把你的注意力放在尋找潛在客戶上，它會讓你的注意力放在如何提高你的銷售技巧上，會幫助你做所有的事情來達成你的目標，這是每一個人都有的潛在功能。

不論何種目標，都意味著需要你用意志力，來抗拒身體上的懶惰與精神上的疲憊。

這些狀態會一再襲來，所以必須在第一次出現時就克服它，拖延是最大的敵人！

2. 目標使你看清使命

每一天，我們都可能遇到對自己的人生和周圍的世界不滿意的人。

你可知道，在這些對自己處境不滿意的人中，有98%對心目中喜歡的世界沒有一幅清晰的圖畫。

他們沒有去改善生活的目標，沒有一個人生目的去鞭策自己。結果是，他們繼續生活在一個他們無意改變的世界上。

然而，你與他們不同，你並不想成爲一個平庸無爲的人。爲此，你得制定出你的目標，發揮出你的潛能。

目標能助你集中精力。另外，當你不停地在自己有優勢的方向上努力時，這些優勢會進一步發展。最終，在達到目標時，你自己將會成爲什麼樣的人，比你會得到什麼東西重要得多。

雖然目標是朝著將來的，是有待將來實現的，但目標使你能把握住現在。爲什麼呢？因爲這樣能把大的任務看成是由一連串小任務和小的步驟組成的。

要實現任何理想，就要制定並且達到一連串的目標。

每個重大目標的實現，都是由幾個小目標和小步驟實現的結果。

所以，如果你集中精力於當前手上的工作，心中明白你現在的種種努力，都是爲實現將來的目標鋪路，那你就能成功。

3. 確定你的目標

許多人浪費了一生的光陰和精力，因爲他們在職業和生活上欠缺目標。日日重複自己做的事，獲得的也只是原來的那份所得而已。成功與幸福是要先確定目標，然後努力不懈，才能獲得的。茫茫然和被動就能有所成就的推銷員，你見過嗎？

花點時間將你的理想、希望和目標依先後次序做一番整理，會使你離成功更近一些。

定位是第一步：你目前的職業、地位如何？你滿意嗎？事業之外的個人生活是不是正如所願？

你可以對自己做一下評估：

影響你工作的弱點和長處是哪些？你有信心能逐步去除你的弱點嗎？

到目前爲止，你對你的職業滿意嗎？什麼是你想立刻改變的？

在工作中，你的能力和技巧有所提升嗎？你是否覺得自己有進步？

你的能力極限何在？你瞭解自己的上限嗎？還是認爲自己根本沒有發揮出來？

回答了以上問題後，你發現了自己的目標嗎？

如果明確了你的目標，你就應該把這些目標圖像時刻牢記在心頭。唯有如此，你才能專心一致，掌握事情的緊要性。

如果常常思考問題該如何處理，很多方法就會由潛意識中浮現出來。

當然，你必須實際一點，先捫心自問，自己是否有正確的認知，肯定自己想要達到的目標，而且能夠達到目標。

4.行動起來

你想要成功，首先必須有明確的目標，你才能向著目標奮進。沒有人生目標，也就沒有具體的行動計畫。

沒有行動計畫，做事就會是敷衍了事、臨時湊合，也就沒有責任感，更談不上什麼堅強毅力、鬥志昂揚了。沒有目標，什麼才能和努力都是白費。

作爲公司的一線人物——推銷員，你更不能沒有自己的奮鬥目標和行動計畫，否則你的推銷工作便無從下手。

如果你只是零亂地、漫無目標的走訪幾家客戶，成功率會有多少？結果可想而知。

不要爲別人做事，要爲你自己做事。

若是爲別人做事，必然是被動的、消極的；若是爲自己做事，目標便可以自己確定，計畫可以自己實行，那麼你的行動便是積極的、主動的。

每個人都有自己的目標，但不是每個人最終都達到了他的目標。

他們並不是沒有去努力爭取，而是不明白這樣一個道理：有一個遠大的目標時時激勵著自己，固然是成功所必需的條件。但是，如果沒有一個如何達到目標的詳細計畫，那就像是水中撈月，可望而不可及。

行動計畫猶如羅盤，具有引導每日推銷活動的作用。

你必須根據行動計畫來核對自己的工作狀況，查看每天的銷售方向是否有誤。

計畫擬定好之後，就要依計畫去開展工作。

在開展過程中，要不斷地回頭驗收成果，看你的所作所爲與計畫是否一致。假如不符合計畫，就要分析原因，尋找解決對策，以便下次的計畫能順利實施。

如果你的工作比計畫早完成，就要反省檢討，這份計畫所設定的目標是否太低，如果是，則下次的計畫便要設定較高的目標。

工作沒有計畫的人，通常都是漫無目的的人。只要上司下達命令，或是客戶提出要求，他們均言聽計從，毫無異議。

這種人一輩子都在爲別人疲於奔命，根本無法去做自己想做的事情。若再加上工作忙碌，那就更沒有時間爲自己活了。

別以爲這樣做就能獲得上司的賞識，其實這是費力不討好的事情。白天悠悠然地坐咖啡廳，或慢吞吞地處理公事的人，多半只是泛泛之輩，因爲，一名成功的推銷員是不會有那麼多時間可以磨蹭的。

5. 堅強的決心可以使你達成目標

在推銷界中成功的人士都知道，「決心」是不可或缺的本質，而進步是一點一滴不斷努力得來的。

例如：房屋是由一磚一瓦堆砌而成的；足球比賽的最後勝利，是由一次一次的得分累積而成的；商店的繁榮，也是靠著一個一個的顧客創造的。所以，每個重大的成就，都是一系列的小成就累積而成的。

按部就班做下去，是實現任何目標唯一聰明的做法。最好的推銷方法是「一小時又一小時」堅持下去。

當你感到疲累時，或想放棄推銷時，告訴自己，在這一個小時絕不放棄。當這一小時過去後，把決心放在下一個小時，這樣一個小時一個小時地延續下去，就會延長爲一天。而第二天，又會是全新的開始。

想要實現任何目標，都必須按部就班地做下去。對於你來說，無論現在做的工作多麼地不重要，都應該看成是「使自己向前跨一步」的好機會。

你每促成一筆交易，就爲邁向更高的管理職位累積了條件。

有時某些人看似一夜成名，但是如果你仔細看看他們過去的歷史，就知道他們的成功並不是偶然得來的。他們早已投入了無數心血，打好堅固的基礎了。

那些暴起暴落的人物，聲名來得快，去得也快。他們的成功往往只是曇花一現而已。他們並沒有深厚的根基與雄厚的實力。

富麗堂皇的建築物，都是由一塊塊獨立的石塊砌成的。石塊的本身並不美觀；成功的生活也是如此。

6. 每日改進，終有所成

要保持高效率，制定目標就不應該是只此一次，沒有人把目標定好了，實現了，就躺下來睡覺。

訂出來的目標，還要時時檢查、規劃、執行，並以發展的眼光來評估。客觀情況有時需要你在一些方面靈活處理。你的觀點變了，目標就要修改。

要記住，在實現目標的過程中，你自身的提升是比達到既定目標更加重要的事。

定期更新你的目標，應該成爲一種生活方式。

如果工作進展的速度超過目標要求，不要鬆懈或停下來。相反地，你應當及時更新目標，制訂更高的、但必須是能達到的目標。

另一方面，如果工作進展速度落後於目標要求，你已無法實現，也不要放棄。你應當對自己說，該目標不可行，我可能過於樂觀了。這時，你應當協調你的能力與目標，使它更爲現實一些，然後集中精力去完成它。

07 每一天的時間都是寶貴的

「我不會把時間白白送給別人的。」
「我珍惜我生命中的每一天。」

——喬・吉拉德

1. 時間就是金錢

我們每個人的生命只有一次，而人生也不過是時間的累積。你若讓今天的時光白白流逝，就等於毀掉人生最後一頁。我們無法把今天存入銀行，明天再來取用。

時間像風一樣不可捕捉。每一分一秒，你都要用雙手捧住，用愛心撫摸，因爲它們是如此地寶貴。

垂死的人用畢生的錢財，都無法換得一口生氣。你無法計算時間的價值，它們是無價之寶！

「記住，時間就是金錢。假如說，一個每天能賺十個先令的人，玩了半天，或躺在沙發上消磨了半天，他以為他在娛樂上僅僅花了六個便士而已。不對！他還失掉了他本可以賺得的五個先令。……記住，金錢就其本性來說，絕不是不能生殖的。錢能生錢，而且它的子孫還會有更多的子孫。如果誰毀掉了五先令的錢，那就是毀掉了它所能產生的一切，也就是說，毀掉了一座英鎊之山。」

這是美國著名的思想家班傑明．富蘭克林的一段名言，它通俗而又直接地闡釋了這樣一個道理：如果想成功，必須重視時間的價值。

我們不能向別人多借些時間，也不能將時間儲藏起來，更不能加倍努力去賺錢買一些時間來用。唯一可做的事情，就是把它花掉。

2. 與時間賽跑

推銷員是與時間賽跑的人，是否能有效利用一天的活動時間，是提高業績的關鍵。

你應該知道自己每小時應創造多少生產效益及收入。如果你每個月希望賺到一萬元，那麼你應該計算一下，假設你每個月工作二十五天，那麼每天的生產力就是四百元。每天四百元的生產力，如果除以八個小時的實際工作時間，那麼你每小時的生產力就是五十元。

每當你花費了一個小時的時間，你應該問問自己，我這個小時是創造了五十元的收入，還是已經浪費了五十元？

頂尖推銷員之所以頂尖，就是因爲他們懂得善用時間。

在每天相同的工作時數基礎上，如果你的時間管理能力是一般人的兩倍，那麼你每天所能拜訪的客戶數，就是一般推銷員的兩倍。

這樣一來，即使你的銷售技巧及平均成交比率和他人一樣，那麼你也能創造出兩倍的業績及收入。

3.早起的鳥兒有蟲吃

「加入五點鐘俱樂部——每天早上五點是一天的開始。」要趕在太陽起床前爬起來的確需要相當的毅力，但好處頗多。

早上沒有干擾，安詳、寧靜，讓你有一種幸福的感覺，你會覺得必須爲了達成目標而努力工作，而且任何發生在你身上的好事，都是你該得的。

你可以利用這段安靜、無干擾的時間檢查庫存量，下訂單，寫感謝函，然後計畫整天的工作。

有許多非常成功的人，也是五點鐘俱樂部的成員。他們利用清晨的時間慢跑、運動、寫寫東西、沉思、計畫。對很多人來說，這是個安靜的時刻，是他們反省、給心靈馬達熱身的時候。

有一個推銷員說了早上七點到辦公室的好處：「我比別人早到兩個小時，我不必排隊就可以用影印機和傳眞機，又可以打電話給工廠的客戶服務代表，而且有時間修正前一天下午三點所做的日程表，然後還可以比其他人提早一個小時下班。」

對你來說，一天的起步是很重要的。

如果帶著愉快的心情出發，則最終都能順利成事。反之，慢吞吞地離開公司，又轉往咖啡廳磨蹭半天，一切就會完全改變。

有一家保險公司，以一般小客戶作為主要訪問的對象。當時，其他保險公司的推銷員，一天只訪問二十至三十戶，而這家保險公司的推銷員，一天卻要訪問一百戶以上。

每天九點一到，他們就來到負責區域，展開例行的訪問活動，其他競爭對手，往往九點半過後才姍姍來遲。光論起步，這家保險公司就贏得三十分鐘。這還不打緊，請教當地客戶之後，你就會發現他們受歡迎的程度令人吃驚。

原因在於這家保險公司的推銷員早上起得很早，留給客戶極為深刻的印象。只要他們一來，就被認為是來辦事的。結果，公司的業績扶搖直上，把其他保險公司完全比了下去。

你每天開始工作的時間，最好早於競爭對手五至十分鐘。雖然只有短短的十分鐘，一個月卻累積成二百四十分鐘左右，一年就多了四十八小時。

你若想有一個快樂的工作日，請務必記住「早起的鳥兒有蟲吃」這句話。

4. 善於利用瑣碎時間

你總會在工作與工作之間，出現時間的空檔；在每件事情與事情之間，漏失瑣碎的片斷時間。

例如，等車、等電梯、搭飛機，甚至上廁所時，或多或少都會有片刻的空白時間，不知不覺的在我們毫無意識的狀態下悄悄地溜走了。

倘若你能夠善加利用，累積起來的時間所產生的效應是非常可觀的。

預先計畫你的工作，每天早晨起床的時候，你都應該養成一個習慣，花費三十分鐘左右的時間，來對你一天的工作做一個完好的計畫。

晚上早一點睡覺，早晨早半個小時起床，保持你的頭腦清醒，花十分鐘的時間，把你今天的計畫重新複習一遍，另外花二十分鐘的時間，在你每天出門之前，閱讀書籍或者聽CD、錄音帶。

這二十到三十分鐘的時間，事實上就如同一個運動員在進場比賽之前，先進行熱身運動一般，讓你的身心在一天開始投入工作之前，就充滿了信心、充滿了動力。

只要每天早晨可以節省半個小時，下午可以節省半個小時，那麼你每年就多出了一個月的銷售時間，就會多出一個月的收入。

利用你每天用餐的一個小時的時間來和客戶約會，那麼你就又多出了一個月的收入。只要能做到這兩點，每年你就比別人多出了兩個月的收入。

利用你零碎的時間來學習成長，利用你每天在交通上的時間來學習。

自我學習對一個頂尖的推銷員來說，實在是太重要了，你必須不斷地成長，不斷地維持你在這一行業中，擁有最先進的知識和技巧。這是讓你能以最短的時間、成爲最頂尖推銷員的成功秘訣。

善於利用每個瑣碎時間來學習成長，是世界上多數成功者必備的習慣。

5.每天都制定一張先後順序表

任何事情你都可以由別人代勞，唯有兩件事情非要你親自去做不可。這兩件事，一是自我思考；一是按照事情的先後順序去執行。

你必須瞭解，你的日程表上的所有事項並非同樣重要，不應對它們一視同仁。

這是很重要的一點，也是很多將成爲時間策略專家的人，會誤入歧途的地方。他們會盡職地列出日程表，但當他們開始進行表上的工作時，卻未按照事情的輕重緩急來處理，而導致了成效不明顯。

標出急需處理事項的方法有：一、限制數量；二、製成兩張表格，一張是短期計畫表，另一張是長期優先順序表。你可以在最重要的事項旁邊加上重點符號。

不要根據事情的緊迫感來做事，而要根據事情的優先程度，來安排先後順序。

你應是主動規劃，而不是被動接受。

人們有個不按重要性順序辦事的傾向。多數人寧可做令人愉快的或是方便的事。但是沒有比按重要性辦事更能有效的利用時間了。

試用這個方法一個月，你會見到令人驚訝的效果。

人們會問，你從哪裏得到那麼多地精力？

但你知道，你並沒有得到精力，你只是學會了把精力用在最需要的地方。

6. 合理安排進度

把一天的時間安排好，這對於你的成功是很關鍵的。這樣你可以每時每刻集中精力處理要做的事。

然而，把一週、一個月、一年的時間安排好，也是同樣重要的。這樣做給了你一個整體方向，使你看到自己的宏圖，有助於你達到目的。

每個月開始，你都應該坐下來審視該月的日曆和本月主要任務表。然後把這些任務填入日曆中，再定出一個進度表。這樣做之後，你會發現，你不會錯過任何一個最後期限，或忘記過任何一項任務。

亨利．傑克剛開始投身於人壽保險推銷行業時，他每天都記日記。他把每一天所做的訪問詳細地記錄下來，以保證每天至少訪問四個以上的客戶。透過每天記錄，他發現自己每天實際上可以嘗試更多的拜訪；並且還發現，每天要拜訪四位客戶，保持不間斷，還眞不是一件簡單的事。

在採取了這種方法後的一個星期中，亨利賣出了一萬五千美元的保單，這個數字比其他十個新推銷員賣出的總和還要多。一萬五千美元的保險，在別人眼裏也許算不了什麼，但卻證明了他的決定是正確的，也證明了他有能力做得更好。

為了儘量減少浪費時間，拜訪更多的客戶，亨利決定不再花時間去寫日記了。但命運似乎在捉弄他，自從他停止寫日記之後，他的業績又開始往下掉。幾個月後，他發現他已陷入了困境。

亨利將自己鎖在辦公室裏，進行了幾個小時的反省，不停地反問自己到底是在哪裏出了問題。終於他明白了一個道理：業績低落，並不是因為他偷懶，而是因為他毫無規律和計畫出去拜訪的結果。此後他又重新記工作的日記了。

對工作進行了調整、分析之後，亨利感到要使工作效率得到更大的提升，就必須把生活和工作安排得井然有序。他說：

「我必須花時間作好工作計畫。如果每次出門之前，把四十張或五十張客戶的名片丟在一起，就以為自己已經作好出發前準備工作的話，那只能算是自欺欺人。

「應該在每次出發之前，找出舊的工作記錄，仔細地研究一下以前拜訪客戶時，說過哪些話、做過哪些事，再寫下當天要做的拜訪中，準備說些什麼內容，提出什麼樣的建議，整理出當天的行動計畫。

「安排好從星期一到星期五的約會時間，是推銷工作所必須的。」

作好「自我規劃」後，亨利嚴格地按工作計畫去工作，每次出門的時候，再也不會因爲毫無目標和準備而團團轉了。

7. 避免時間的浪費

時間之所以不能有效的利用，在於外界有許多的干擾。

外界的干擾，可能使你浪費許多寶貴的時間。這時，你不能做自己的奴隸，不是每件事情都必須你親自去做。

當記者問超級明星賴利．金，什麼是他盡力避免和最浪費時間的事，他毫不猶豫地回答：「無聊的午餐……跟不喜歡的人在一起。」

他又說道：「我發現在生命中得到的愈多，不論是職業上或金錢上，你就可以挑選得愈挑剔，我現在已經沒有那種非去不可的午餐了。」

如果不是那些非去不可的應酬，你大可不必參與。

不要把時間浪費在不值得做的事情上。

人的精力是有限的，不要把精力浪費在無關緊要的事情上。

你要憎恨那些浪費時間的行爲，摧毀拖延的習性。

要讓每一分鐘都有價值。

你要加倍努力，拜訪更多的客戶，銷售更多的貨物，賺取更多的財富。

今天的每一分鐘，都勝過昨天的每一小時，今天的每一分鐘都是最後的，也是最好的。

8.杜絕懶惰和拖拉

善用時間，就是善用自己的生命。

許多人很難使自己的每一天，都朝著正確的方向前進。有些人的問題是積極性不高，有些人的問題是對自己要求不嚴，另外一些人的問題，僅僅是一種積習。

這種積習使他們躺下而不是向前進。還有一些人對自己應做什麼、什麼時候去做不甚瞭解。

如果你不容易調動自己的積極性，或許你需要換個環境。

許多人在家裏養成了一套習慣，怎麼也擺脫不了。另外一些人，家裏使他分心的東西太多——電話鈴、門鈴、家人鄰居干擾、電視機、答錄機、家務事等。離開家你或者能專心工作。這也許是你爲了能開展工作唯一要做的自我約束。

有時你會突然意識到，因爲太遲開始而無法完成當天想做的事，這是令人失望的。許多人在意識到時間不夠而無法做他計畫中的事時，乾脆把整天的計劃一筆勾銷，什麼都不做。這種情況最容易滋生出懶惰的情緒。解決的辦法，就是養成及早開始的習慣。

如果你是個辦事拖拉的人，你就是在浪費大量的寶貴時間。

拖拉辦事不是推銷員的作風，也不是你學習的對象。

拖拉的人要花許多時間思考要做的事，擔心這個或是那個，找藉口推遲行動，又爲沒有完成任務而悔恨。在這段時間裏，其實他們本來能完成任務而且應轉入下一個工作了。

許多人的拖遝已經成了習慣。對於這些人，要完成一項任務的一切理由，都不足以使他們放棄這個消極的工作模式。

如果你有這個毛病，你就要重新訓練自己，用好習慣來取代拖遝的壞習慣。

每當你發現自己又有拖遝的傾向時，靜下心來想一想，確定你的行動方向，然後再給自己提一個問題：「我最快能在什麼時候完成這個任務？」定出一個最後期限，然後努力遵守。漸漸地，你的工作模式就會發生變化。

9.堅持不懈地長時間工作

一流的推銷員以及其他行業的成功人士有一個共同點——像瘋子般拼命地工作。他們有熱衷的精神和充沛的體力，可以從清晨工作到深夜。

以一般人的眼光來看，也許他們是像瘋子一樣地工作，尤其是一流的推銷員，沒有清晨，也沒有深夜，他們能夠長時間的工作。

一流的推銷員，不僅是早上，而且白天晚上也有充沛的精力來工作，所以他們絕不會到咖啡店去休息或是看電影，也不會偷懶。

大多數業績平平的推銷員卻說：「我是公私分明的，回到家裏時，絕不去想工作上的事，而是和家人一起說說笑笑，度過晚上的時光。」

想要追求成功、獲得高收入、有升遷機會、過幸福的生活，但又像一般人那樣工作，你的希望必然會落空。

成功是需要艱苦努力的，平平常常地工作，是無法在生存競爭中獲得勝利的。

時間對於每個人來說都不偏不倚，並不多給誰，也不少給誰。

成功者不是靠拉長時間來贏得成功，雖然他們拿出了每天絕大部分時間工作，似乎是拉長了時間，而實際上，他們不過是在節約時間，即節約了休息、進餐、娛樂等空餘的時間。

長時間地工作，堅持不懈地工作，你就能最終成功。付出的東西終究是有回報的。

08 堅持不懈，終會成功

「要勇於嘗試，之後你會發現，你所能夠做到的連自己都驚奇。」

「我一定會捲土重來，笑到最後才算笑得最好。」

——喬・吉拉德

1.成功需要恆心與毅力

一個人的決心是無堅不摧的，最後的輸贏，往往取決於你的決心和恆心。一時的熱情往往稍縱即逝，但堅定的恆心和頑強的毅力，卻能讓你不斷去披荊斬棘而終獲全勝。

美國有位盲人作家，原本是位收入不低的工人，在初入中年之際，因患病而雙目失明，生活一下子陷入困苦。有一天他突然決定要利用自己的餘生，來做一些有意義的事情。於是他想透過寫作，將自己人生際遇中對生存的決心和勇氣記錄下來，提供給需要鼓舞的人們。

對一名所受教育不多的盲人來說，成爲一名作家是何其艱難。

有一天，他在圖書館借書時，有人問他借的是什麼書，他說：「一本教人如何成爲作家的書。」那人又問他如何去讀，他說：「我請人念給我聽。」最後，那個人帶著嘲諷的口吻說：「你爲什麼不做些適合盲人做的事。」但他不以爲然，從不讓別人的恥笑影響自己的目標和決心。

憑著不凡的毅力，他後來終於成爲數十本暢銷書的作者，風行全美。

恆心和毅力，意味著不斷地付出犧牲，這種付出能使一個凡人成爲不凡。想魚肉和熊掌兼得者，到頭來只會是兩手空空。

2. 坦然面對失敗

你見過沒有被拒絕過的推銷員嗎？拒絕是推銷員最忠實的朋友。

每當你向別人推銷你的產品或服務時，同時也是在製造一次拒絕和打擊。

如果你不從失敗中走出來，並一味地沉浸在失敗的痛苦裏，你就永遠保護不了你自己。

如果你選擇了銷售行業，你就避免不了經常性的遭到失敗和拒絕。如果你對你所從事的事業，沒有狂熱的熱情投入，你就不可能在銷售中，獲得非常大的成功。

推銷是一種創意式的苦力工作。你甚至不能有絲毫的停頓，你不僅需要馬不停蹄地，面對許許多多的客戶，還必須學會正視失敗與拒絕。

推銷員最主要的障礙，幾乎80％都是心理因素，而這當中最常見的問題，就是對被客戶拒絕的恐懼。

根據統計，80％的銷售行爲的最後結果，都是客戶的「不」這個字。

如果你害怕客戶對你說「不」，那麼請問你害怕自己能夠賺更多的錢嗎？你害怕自己的事業成功嗎？你如果不能克服這種恐懼，你也就不可能提高你的收入，你的事業也不可能越來越成功。

大部分的推銷員，沒有辦法接受客戶的拒絕。按照經驗，一個新進的推銷員最容易「陣亡」的時間，就是他進入銷售行業的前九十天。

如果一個新進的推銷員，不能在他開始工作的九十天內，掌握產品充分的知識、建立起他的基礎客戶群、提高銷售能力及技巧，以及建立完好的自我形象和自信心、克服被拒絕的恐懼，那麼他就會在九十天之內離開這個行業。

所以，這九十天對一個新進的推銷員來說，是非常致命也是非常關鍵的。而這當中最關鍵的一種能力的提高，就是對失敗以及對於被拒絕恐懼的解除。

如果我們能夠解除掉對被客戶拒絕的恐懼，那麼這個世界上每一個人，都能成爲最優秀、最傑出的推銷員。所以，如何排除這種對被拒絕的恐懼，是你首先必須克服的障礙。

3.擺脫失敗經驗的陰影

當我們去做一些事情，而這些事情在過去曾有過失敗的經驗，所以當我們再度嘗試做這件事情的時候，過去那些失敗的經驗和影響，就又回到了我們的頭腦裏，也就很容易在我們的頭腦中，產生失敗的影像或預期失敗的結果。

當你在一開始從事銷售工作時，因爲技巧的不熟悉或者對產品知識的不夠瞭解，就很容易造成客戶的拒絕，而你也沒有一種有效的辦法來恰當地處理，或克服這些失敗的經驗。所以，每當日後你在從事相同的工作或行爲時，就很容易受到影響，讓過去失敗的經驗不斷地浮現在頭腦中，從而無法正常地展開推銷工作。

當失敗的經驗發生時，如何立刻地轉換這些經驗所代表的意義，是非常重要的。

失敗和被拒絕，實際上都是我們內心的一種感覺，當對方用某種特定的方式，對我們做了某些事或說了某些話之後，我們就感覺被拒絕了，是這種感覺決定了我們的行爲及反應。

內在的感覺，通常取決於我們對事情所下的定義。

請問：任何事情有沒有一定的定義？是誰給它們下的定義？是你自己。你對一件事情發生時所下的定義，決定了你對這件事情的心境和情緒。

舉例來說，若某天有人打了你一個耳光，你會有什麼樣的情緒反應？想必是不會太高興。

在南非，有一個黑人部落，他們歡迎賓客來訪的方式，卻是用手打客人的臉。若你知道他們的這種風俗習慣，當你到這個部落而發現有人打你的臉時，請問你會生氣嗎？可能就不會了。甚至別人越是打你，你反而越覺得高興，因爲那代表了你是受他們歡迎的。

同樣是被人打耳光，爲什麼你卻會有兩種截然不同的心情或反應呢？因爲你對這個事件所下的定義有所不同。

當客戶對你說「不」的時候，你頭腦中如何來定義這件事，就決定了你內在的感覺。

轉換定義，你就能擺脫過去失敗經驗的陰影。

4. 奇蹟是由自己創造的

不論你的商品有多好，也不論你的報價有多實惠，不論你的建議對客戶有多大的好處，更不論你的推銷能力有多強，推銷總會有碰釘子的時候。

有些推銷員因此而深受傷害，有時候，挫折感嚴重到令他們告別推銷活動的程度。

其實，你只要想一想，在水溫等外部條件具備的情況下，煮熟一個雞蛋還需要幾分鐘的時間呢，更何況讓別人轉變觀念，接受你的方案、你的商品、你的人，哪有那麼容易？

明白了這一點後，你就不會有太多無謂的挫折意識了。

要知道，奇蹟是由你自己創造的。

創造奇蹟的途徑是什麼？堅持加上希望，你就會創造出奇蹟。

當對方毅然決然地拒絕，「我絕對不會買的，你別浪費時間了」，甚至直截了當地要你走開的時候，你會怎麼辦？

頑抗嗎？就像有的推銷員說的那樣，「賴在那裏，死纏到底」？並不需要太高深的智慧，就可以想像得到，結果必然是兩敗俱傷。即使你能當時成交，也不用指望建立長期的合作夥伴關係了。

投降嗎？潰退嗎？對方一說，你就馬上走人。痛快是痛快，可是對方怎麼能對你的商品、你的方案乃至你的人產生興趣和信心呢？

講和嗎？聽到對方嚴詞拒絕，就嚇得趕緊向對方保證以後不談「業務」，只談交情。這樣日後你還能開展推銷活動嗎？路都給自己堵死了。

在每個人的一生中，總會有許許多多不如意的事情。然而並不是每個人都能夠具備足夠的解決能力，因而會產生所謂的「挫折感」。

由挫折感所衍生的情緒反應，會使人悲觀、失望、喪失信心，甚至還會出現自怨自艾、憤世嫉俗或反社會的情緒。

尤其在現代忙碌競爭的社會中，若無法排除挫折，將會使你在人生成功的道路上停滯不前，長久下來，距離成功的目標就更加遙遠了。

所以，你必須學習如何去面對挫折，進而轉化挫折的力量，化阻力爲動力，讓自己的心情更健康、生活更充實。

5. 相信失敗只是暫時的

成功者不懼怕失敗，但他們重視失敗，他們能夠從中得到其他方法所無法給予的寶貴教訓和啓示。這幫助他們認清自己和所面對的形勢，及時進行適當的調整，從而一步步邁向成功。

要相信，只要是金子，只要你用心去磨練，它總是會發光的。

世界上從來就沒有在各個領域都能出類拔萃的全才，每個人的能力、精力都是有限的。

所謂優秀者，只能是某一方面的優秀者；所謂天才，也只能是某個領域內的天才。

這就要求人們能夠正確地認識自己的長處和短處，揚長避短，選擇從事自己相對最有特長和最有希望成功的領域，作爲自己的奮鬥目標，只有這樣，才有可能先他人而獲得成功。

假如你被公認是一位出眾的優秀者，但是卻沒有成功，你有必要靜下來，反省一下你所制訂的奮鬥目標，是否對於你的特長來說是合適的。如果不是，你就應立即予以轉變。

如果反省後，你發現你的特長與你的目標是相等的，你還要看看自己是否爲自己的目標，付出了必要的努力和汗水，這一點是經常被一些失敗的優秀者所忽視的。

優秀者往往會因爲自己優秀，而無意識地認爲自己無需花費與他人同樣的氣力，就能獲得比他人更多的成果。這對於學生時期的學習成績來說，可能是對的，但是對於你一生奮鬥的事業來說，卻是不成立的，除非你是這個領域的奇才。

然而，既然你現在仍然未成功，那麼你肯定不是這一領域的奇才。你要想獲得成功，就必須要付出比以前更多的努力。

無論如何，你現在的失敗只是暫時的挫折，是黎明前的黑暗。你只需咬緊牙堅持下去，曙光就在你眼前。

6. 不要在心裏製造失敗

失敗時，不必感到失望、不平或憤怒，而應把精力用來研製一項明確的計畫，以平息失敗的傷痛，重新起步。

不要浪費時間和精力來抱怨你的失敗，而應努力找出原因所在，然後重新解決問題。

有時候我們都太勇於自責了。我們會說：「這都是我的錯」、「我什麼事都做不好」。

如果是我們的錯，自責倒也無妨，但明明不是我們的錯而強要自責，便有危險。

喜歡自責的人，內心常有「我是笨蛋，我是一個失敗者」的想法。這麼一來，下次你又會犯同樣的錯誤。或是你誤信自己的確是笨蛋，而根本不再嘗試了。

我們的確能安於失敗。不動腦筋的自憐，要比絞盡腦汁分析自己、籌思下次如何成功來得容易多了。

逆境中可能發生的危險只有一個：不恰當地歸咎自己。

你若開始以失敗者自居，就會眞的成爲失敗者。

「你認爲自己是個什麼樣的人，就會眞的成爲那樣的人。」

世上沒有眞正的失敗，因爲萬物都是隨時在變化，日日不斷發展的。

不管如何失敗，都只不過是不斷茁壯發展過程中的一幕。在某個期間內或許算是失敗，可是等到轉移之後，又會是一片無限的生機。

7. 只有放棄才失敗

一個成功的推銷員在遭遇挫折或失利時，要能有堅韌不拔的精神，永不認輸，咬住不放，直到最後勝利爲止。

心情對行爲的影響，占有相當大的比重，隨著心情的變化，結果會時好時壞，這種現象是不可否認的。

以樂觀、悲觀的態度看待事物，純屬人生觀的問題，無所謂好壞。但你是個推銷員，因此毫無疑問，樂觀者較容易成功。

與其杞人憂天或在意不理想的結果，不如去思考更積極的方法，歸納出一連串可行的方案。

有些推銷員生性悲觀，凡事都往壞處想，以致在展開行動之前，擺滿了失敗的藉口，這樣怎麼會有好成績呢？

在推銷字典中，絕對沒有「不可能」這三個字。

乍聽之下，你可能會懷疑，但是遇到問題只要仔細思考後，就能找出許多解決困難的辦法，不會有解不開的難題。

可是有人卻喜歡大模大樣地列舉一些理由，彷彿是生命中的大事。不可否認的，辦不到的藉口多得數不清。但愛找藉口的人，失敗的機率往往高於常人，因此絕不能在做事之前，就開始找藉口搪塞。

即使成功的機率微乎其微，但只要存在著可能，就要勇敢地接受挑戰。

只有勇於接受挑戰，才會存在成功的可能性。倘若在一開始就放棄，勝利的號角絕不會爲你響起。

不要因失敗而變成一位懦夫。面對失敗、面對挫折，要奮勇向前。

當你盡了最大的努力還是沒有成功時，不要放棄，只要開始另一個計畫就行了。

失敗很難使人堅持下去，而成功就容易繼續下去。如果工作比你想像的還難。請記住：你無法在天鵝絨上磨利剃刀，你也無法用湯匙餵一個人，而使他獲得鍛鍊。

美國總統柯立茲曾寫道：「世界上沒有一樣東西可以取代毅力，才幹不可以，懷才不遇者比比皆是，一事無成的天才很普遍；教育也不可以，世上充滿了學無所用的人。只有毅力和決心是無往而不勝的。」

8. 有勇氣堅持下去

堅持不懈的前提是勇氣，遇到挫折時，第一需要的是勇氣，有了勇氣才有信心，才會採取一系列的行動。

碰到挫折，我們既不要畏懼，也不要迴避，要勇敢的去正視它，並有打垮它和英勇拼搏的氣魄。

無論任何事情，只要勇敢去嘗試，多多少少都會有所收穫。有所成就的人都認爲，如果恐懼失敗而放棄任何嘗試的機會，他就不會進步。

沒有勇敢嘗試，就無從得知事物的深刻內涵。嘗試過後，由於對實際的痛苦親身經歷，將使得這種種的體驗，爲將來的發展作好了鋪墊和準備。

在挫折面前，你表現得越懦弱，挫折就越欺負你，這樣的你必敗無疑。

在社會上，有不少人很偏愛自己的小世界，把自己關在與外部世界隔絕的、獨立的象牙塔中自我欣賞。這種人必然產生畏首畏尾的思想，以消極的態度去應付外部世界。

只要走出象牙塔，加強和外部世界的聯繫，自然就可以發現，原來這世界是如此多姿多采、趣味無窮。你就會找到自己的勇氣。

做事情，我們需要的是勇氣，而不是魯莽。

只有在吸收前人的經驗，利用前人經驗的基礎上，才能激起自己的勇氣，才能有突破求新的勇氣。

借鑑的過程是一個學習的過程，只有學習才能豐富自己，才能做到「藝高人膽大」。

實踐出眞知。光有理論而不實踐，照樣會產生心虛的感覺，因爲你畢竟沒有去做。沒有親身經歷，就不知道自己的理論是否可行，不知自己的分量。

實踐越少，心虛感就越強，碰到重大的事情，就越顧慮重重，越沒勇氣。因此，你需要常常拿出勇氣，去做你以前不敢做的事情。

9. 戰勝自己

在成功的旅途上，我們不僅時時受到外界的壓力，而且還時時受到自身的挑戰。

自身是阻擋我們成功的最大「敵人」，需要靠我們自己去對付。因此，我們要敢於做自己的對手，戰勝自己。

從心理上做自己的對手，我們要有信心，要自信地從挫折中走出來。有了必勝的信心，才會有成功的可能。

信心是一種最堅強的內在力量，它能夠幫助你度過最艱難困苦的時期，直到曙光最終出現。

信心從未令人失望，我們之所以受挫，就是因爲失去信心。

信心好像是一粒種子，除非下種，否則不會有結果，然而，播種只是第一階段而已。

下種之後，還必須時時灌溉施肥，種子才能夠發芽生長。

從現在開始，就要種下信心之種，並讓它茁壯成長起來。你才會在最終摘取成功的果實。

對自己原有的成功提出新的挑戰，不要躺在成功的溫床上。

不要因爲昨日的成功而滿足，因爲這是失敗的先兆。我們要忘卻昨日的一切，是好是壞，都讓它隨風而去。

今天的我們，要超越昨天我們所做的一切行爲。

我們要盡我們最大的能力去爬今天的高山。明天我們要爬得比今天更高，後天爬比前一天還要高的山。

超越別人的事業並不重要，超越自己已有的事業才是首要的。

我們應時時以自己爲對手，戰勝自己、直接面對自己。這樣才能使自己強大起來，永遠立於不敗之地。

09 用愛對待每一天

「只要與我有過接觸，我都會讓他們知道我記得他們，我在關心著他們。」

「我每天都在發出愛的資訊。」

——喬・吉拉德

1.愛是唯一的訣竅

愛心是一切成功最大的秘密。

強力能夠劈開一塊盾牌，甚至毀滅生命，但是只有愛才具有無與倫比的力量，使人們敞開心扉。

在掌握了愛的藝術之前，你只能算是商場上的無名小卒。

一旦你讓愛成爲你最大的武器，沒有人能抵擋它的威力。

你的理論，他們也許反對；你的言談，他們也許懷疑；你的穿著，他們也許不贊成；你的長相，他們也許不喜歡；甚至你出售的商品，都可能使他們半信半疑。

然而，你的愛心一定能溫暖他們，就像太陽的光芒能溶化冰冷的凍土一樣。

2.比別人更愛自己

坦白地說，你的價值是至少值幾百萬美元的，如果你決定出售自己的話。

當你有了這項認知，你就會完全瞭解：如果沒有你的允許，在這個世界上沒有人能使你覺得低下。

接納自己、欣賞自己，你便不會迷失。

從外表的修飾著手，直到內在的心靈，愼選高尚的同件來幫助你。你愈自信，就愈不必求助於人，你就愈能克服任何困難。

自從有史以來，幾十億人曾經生活在這個地球上，但從來未曾有過，也將永遠不會有第二個你。

你是地球上一個獨特的、唯一的生物。因此，你要爲此而驕傲，並且更加熱愛自己。

熱愛自己，你才會認眞檢查進入你身體、思想、精神、頭腦、靈魂和心懷的一切東西。

絕不放縱肉體的需求；要用清潔與節制來珍惜你的身體；絕不讓頭腦受到邪惡與絕望的引誘，要用智慧和知識使之昇華；絕不讓靈魂陷入自滿的狀態，要用沉思和祈禱來滋潤它；絕不讓心懷狹窄，要與人分享愛，使它成長，溫暖整個世界。

3. 愛讓你充滿信心

你是最重要的人。

你可以瞭解自己的能力、體力、智慧及心靈的力量並加以運用，開創富足、充實的人生。瞭解眞正的自己是可貴的發現。

發掘內在最大的本能，一切都操之於己。

克服恐懼、憂慮與懷疑。引導你在自己所屬的領域獲得成功。

找一個安靜的地方，儘量誠實地評估你目前所處的地位和環境。

如果你對現狀不滿意，不要找藉口歸咎別人。客觀地找出你在生活和工作中最想得到的明確且具體的事物，把這些定為你近期及長期的目標。

整理你的思緒，評估你的抱負與欲望。在這個忙碌、嘈雜的世界中，你最需要的就是信心。

信心是一種積極的態度，是靈魂的泉源，讓你完成計畫，實現目標，達成願望。

有一句古老的推銷格言說：「一項成功的推銷，就是要使你的推銷對象，對你、你的公司和你的產品樹立起一定的信心。如果一個買主能對以上三個方面，都形成一定的信任的話，那麼買賣成功自然就是輕而易舉了。」

4. 關心別人就是關心自己

你把自己最好的給予別人，就會從別人那裏獲得最好的。

你幫助的人愈多，你得到的也會愈多。

你愈吝嗇，就愈一無所有。

有人曾分析一百位白手起家的成功人士，他們的年齡從二十一歲到七十多歲，教育程度從小學到博士都有。他們之中，有70％的人來自人口少於一萬五千人的小鎮。然而，他們都有一個共同的特徵，那就是他們都是善良的發現者，能見到其他人好的一面——無論在什麼情況下都是如此。

愛你遇到的每一個人，因爲人人都有值得欽佩的性格，雖然有時不易察覺。

用愛摧毀困住人們心靈的高牆，那充滿懷疑與仇恨的圍牆。

試著以他人的眼光來看他人的世界——而不是以我們的眼光來看他們的世界。

要做到這一點，有一個方法：找出其他人身上的優點，不管他們的外表、生活方式以及信仰與我們有多麼顯著的不同。

在尋找他人優點的過程中，你等於以愛心和他人進行溝通。愛是我們最需要的。

人人都需要關心，關心別人就等於是關心自己，幫助別人也就是幫了自己。

眞誠地關心別人，熱誠地鼓勵他們，這樣可以化解任何人的冷漠和拒絕。

5. 有愛才有溝通

愛是人們相互溝通的前提。

作爲一名好的溝通者，你我和一個陌生人打交道時，總是先把手伸給對方，請求對方和我們握手，因爲我們已經知道，這是向他人表示尊敬的一種方式。

除了用力握手之外，我們還要把眼光直視對方，同時面帶溫暖、開朗的微笑，藉以顯示我們進行這種溝通的強烈興趣。

我們盼望結交新朋友，友善地與陌生人談話。

我們和某人說話，或聆聽他們說話時，都要看著對方。我們既寬容又仔細地聆聽，即使我們可能並不同意他們所說的話。

我們平等地對待他人。

我們聆聽既沉悶又無知的談話，因爲，他們的內容也自有一套道理。

我們不會咄咄逼人地追問問題，我們試著在陌生人身上尋找特別的美麗，然後眞誠地稱讚他們。

我們讓陌生人談到他們自己，以便我們更了解他們。

當你我面對一個可能成爲朋友的陌生人、一個將來可能和你做生意的人，或是我們自己的家人時，我們的態度是熱誠的，而不是自私的。我們關心的是他們，而不是我們自己。

當我們在內心對其他人——而不是對我們自己——產生興趣時，他們將會感覺出來，同時會對我們和我們的產品也發生興趣。

6.不要吝嗇對別人的讚美

讚美之於人心，猶如陽光之於萬物。喜歡別人讚美是人的天性。

法國的拿破崙，具有高超的統率和領導藝術。他主張對士兵「不用皮鞭——而用榮譽來進行管理」，認爲一個在夥伴面前受了體罰的人，是不會爲你效命疆場的。

美國哲學家約翰．杜威說：「人類最深刻的衝力，是做個重要的人物，因爲重要的人物能時常得到別人的讚美。」

林肯的相貌可謂是醜陋，他曾以這樣一句話作爲一封信的開頭：「人人都喜歡讚美的話，你我都不例外……。」

美國商界中年薪最早超過一百萬美元的人之中的一位（當時沒有所得稅，普遍收入水準較低）是查理斯．史考特。他在一九二一年被安德魯．卡內基選拔爲新組的美國鋼鐵公司的第一任總裁，而當時他只有三十八歲。

爲什麼史考特能獲得如此高的年薪？他是天才嗎？當然不是，史考特親口說過，他手下的許多人，對於鋼鐵怎樣製造比他懂得還多。

史考特說，他之所以得到這麼多的年薪，是因爲他知道跟別人相處的本領。他說只是一句話，這句話應該鍥在全世界任何一個有人住的地方，每個人都要背下來，它會改變我們的生活。

他說：「我認爲，我那些能夠使員工鼓舞起來的能力，是我擁有的最大資產。而使一個人發揮最大能力的方法，就是讚美和鼓勵。」

「我在世界各地見到了許多大人物，」史考特說，「還沒有發現任何人——不論他多麼偉大，地位多麼崇高——在被讚許的情況下，比在被批評的情況下工作成績更佳、更賣力。」

同樣地，你的客戶也是人，也是喜歡被別人讚美的。

7.尋找美好的事物進行讚美

讚美既然要找出可讚之處，就要用眼睛去發現、去挖掘，這也是推銷工作中最該使用的一種讚美技巧。

千萬不要以爲讚美是「不足掛齒」的。總統都注意微小之事，你我就更應該學習了。

法國總統戴高樂在一九六〇年訪問美國時，在一次尼克森爲他舉行的宴會上，尼克森夫人費了很大的心思，布置了一個美觀的鮮花展臺，在一張馬蹄形的桌子中央，鮮豔奪目的熱帶鮮花襯托著一個精緻的噴泉。

精明的戴高樂將軍一眼就看出，這是主人爲了歡迎他而精心設計製作的，不禁脫口稱讚道：「夫人爲舉行這一次正式的宴會，一定花了很多時間來進行漂亮、雅致的計畫與布置吧！」尼克森夫人聽後十分高興。

事後，她說：「大多數來訪的大人物不是不加注意，就是不屑爲此而向女主人道謝，而他卻總是能想到別人。」

也許在別的大人物看來，尼克森夫人所布置的鮮花展臺，只不過是她作爲一位副總統夫人的分內之事，沒什麼值得稱道的。而戴高樂將軍卻領悟到了其中的苦心，並因此向尼克森夫人表示了特別的肯定與感謝，從而也使得尼克森夫人異常感動。

作爲推銷員，你也應該像戴高樂將軍那樣觀察入微，找到客戶值得讚美和欣賞的人或物。

無論是誰，對待讚美之詞都不會不開心，讓別人開心，我們並不會因此而受損，何樂而不爲呢？

如果你遵照這一準則辦事，你幾乎不會再遇到麻煩。如果你對此信守不渝，它會給你帶來無數的朋友，會讓你時時感到幸福快樂。

正如我們已經看到的那樣，人性中最強烈的欲望，是成爲舉足輕重的人；人性中最根深蒂固的本性，是想得到讚賞。

因爲讚美，我們才發現被人關注著；因爲讚美，我們才感到被人尊重著；

因爲讚美，我們才體會到被人理解著。

8.以誠待人

你在從事推銷時，一定要給人眞誠的印象，要不然就會困難重重。眞誠是推銷的第一步。

簡單地說，眞誠意味著你必須重視別人，相信自己產品的質量。如果你做不到，建議你最好改行做別的，或者去推銷你信得過的產品。

眞誠、老實是絕對必要的。千萬別說謊，即使只說了一次，也有可能使你信譽掃地。

第一印象很重要，要讓別人覺得你很眞誠，你必須給他們留下眞誠的第一印象。

怎樣讓別人在見到你的第一面時，就覺得你很眞誠呢？

第一，絕對不要戴太陽眼鏡。

老實說，就算你是站在沙漠中央向人推銷土地，你也必須用眼睛和他們交流，而太陽眼鏡顯然做不到這一點。

俗話說：「眼睛是心靈的窗戶。」要讓別人看到你眞誠的心，首先就要從你眼中看到眞誠。

第二，當你和別人說話的時候，你一定要正視對方的眼睛，而當你聆聽的時候，你也得看著對方的嘴唇。否則，他們會把你的心不在焉理解爲你不誠實，心裏有鬼。

有的推銷員因爲羞怯而不敢直視別人的眼睛，但是人們絕不會相信一個推銷員會害羞。因此，鼓勵你努力學會眼神交流法，不管它有多麼困難。

同樣重要的是，你得注意態度眞誠而不貪婪。要是賺得太多，對方就不會願意與你再度合作。貪婪很可能毀掉你的信譽，使你失去更多的生意。

你需要的是長期的、多次的合作，而合作只有在雙方都感到滿意的時候，才稱得上是好的合作。

9. 發揮你迷人的個性

你也許會以最漂亮、最新款式的衣服來裝扮自己，並表現最吸引人的態度。但是，只要你內心存在著貪婪、妒嫉、怨恨及自私，那麼，你將永遠無法吸引任何人，卻只能吸引和你同類的人。

「物以類聚，人以群分」，因此，你可以確定被吸引到你身邊來的，都是品格與你相同的人。

你也許會做出一個虛僞的笑容，掩飾住你的眞正感覺，你也許可以模仿表現熱情的握手方式。但是，如果這些「吸引人的個性」的外在表現，缺乏熱忱這個重要因素，如此一來，它們不但不會吸引人，反而會令人逃避你。

因此，你必須眞正具備迷人的個性，以吸引他人，並與他人友好相處。你自己和藹可親，將會使其他人感到快樂，你也會得到快樂，而這種快樂是無法以其他任何一種方式獲得的。

改掉你自己喜歡吵架的脾氣，不要向人挑戰，不要進行沒有用處的爭吵。取掉你用來看生活的「憂鬱」的有色眼鏡，使你看清楚生活中友善的明媚陽光。

把你的「鐵錘」丟掉，停止敲打。因爲你一定知道，生活中的大獎是頒給建設者，而非破壞者的。

建設房子的是藝術家；把房子拆掉的是買賣破銅爛鐵的舊貨商。

如果你是一個有著滿腹牢騷的人，這個世界將不會樂於聽你訴說的、尖酸刻薄的「胡言亂語」。

如果你是一個帶著友誼和樂觀的人，這個世界將會很高興地聆聽你說的每句話。

10 微笑著工作

「當你笑時，整個世界都在笑。一臉苦相，沒有人願意理睬你。」
「從今天起，直到你生命最後一刻，用心笑吧！」
——喬．吉拉德

1. 微笑的魅力

你有沒有注意過你工作時的表情？是微笑的，還是面無表情的？
如果是前者，那應該恭喜你，因爲你已快成爲頂尖的推銷員了；而如果是後者，你恐怕從現在起要學會如何微笑了。
爲什麼微笑會有如此大的魔力呢？
因爲微笑所表示的是：「我喜歡你，你使我快樂，我很高興見到你。」

樂觀是恐懼的殺手，而一個微笑能穿過最厚的皮膚。

每一個準客戶的心中都有一個微笑，你發自內心的微笑能把它引出來。

每一次你微笑，你都讓自己的生活和別人的生活明亮了一點。

一個好的微笑，要在眼睛裏有閃光，而不是你有時看見的，像水龍頭一樣隨意鬆開和關緊的人工面部扭曲。

人們都喜歡愉快、積極的態度。沒有人願意身邊充滿了負面的、悲傷的事物。

在一次經濟大蕭條時，一位專業推銷員在被問到生意時，回答說：「不錯啊，我忙得腳不沾地！」雖然這不完全是事實，但卻使別人感到心情清爽。

2. 讓自己愉快

你見到別人的時候，一定要很愉快，如果你也期望他們很愉快地見到你的話。

不管什麼時候，永遠都不要皺著眉頭！

你皺眉，對方會以爲你討厭他。試想，你會和一個討厭你的人交往嗎？

你不但要讓客戶知道你不討厭他，還要表示你是喜歡他的。訣竅一點都不複雜，你只需要笑一笑就行了。

你不喜歡微笑，那就需要強迫你自己微笑。如果你是單獨一個人，強迫你自己吹口哨，或唱一首歌。表現出你似乎已經很快樂的樣子，你就容易快樂了。

「行動似乎是跟隨在感覺後面，但實際上，行動和感覺是並肩而行的。行動是在意志的直接控制之下，而我們能夠間接地控制不在意志直接控制下的感覺。

「因此，如果我們不愉快的話，要變得愉快起來的主動方式是，愉快地坐起來，而且言行都好像是已經愉快起來……。」

世界上的每一個人，都在追求幸福。有一個可以得到幸福的可靠方法，就是可以控制你的思想來得到。

幸福並不是依靠外在的情況，而是依靠你的內心。所以要變得愉快起來，還得靠你自己」。

3. 保持笑容

富蘭克林．貝特格，當年聖路易紅雀棒球隊的三壘手，目前是全美國最成功的保險推銷人士之一。他說，他好多年前就發覺，一個面帶微笑的人永遠受歡迎。因此，在進入別人的辦公室之前，他總是停下來片刻，想想他必須感激的許多事情，展開一個大大的、寬闊的、眞誠的微笑，然後當微笑正從他臉上消失的剎那，走進去。

他相信，這種簡單的技巧，與他推銷保險如此成功，有很大的關係。

細讀艾伯．哈巴德這段賢明的忠告——但記住，細讀對你無濟於事，除非你把它應用起來：

「每回你出門的時候，把下巴縮進來，頭抬得高高的，讓肺部充滿空氣；沐浴在陽光中；以微笑來招呼你的朋友們，每一次握手都儘量使出勁。

「不要擔心被誤解，不要浪費一分鐘去想你的敵人。試著在心裏肯定你所喜歡做的是什麼；然後，在清楚的方向之下，你會快速地達到目標。

「心裏想著你所喜歡做的，偉大而美好的事情，然後，當歲月消逝的時候，你會發現自己掌握了實現你的希望所需要的機會。

「正如珊瑚蟲從潮水中汲取所需要的物質一樣。在心中想像著你希望成為一個有辦法的、誠懇的、有用的人，而你心中的思想，每一個小時都會把你轉化為那個特殊的人——思想是至高無上的。

「保持一種正確的人生觀——一種勇敢的、坦白的和愉快的態度。思想正確，就等於是創造。一切的事物，都來自於希望。而每一個誠懇的祈禱，都會由此實現。我們心裏想什麼，就會變成什麼。」

你的笑容就是你好意的信差。

你的笑容能照亮所有看到它的人。

對那些整天都看到皺眉頭、愁容滿面、視若無睹的人來說，你的笑容就像穿過烏雲的太陽。尤其對那些受到上司、客戶、老師、父母或子女的壓力的人，一個笑容能幫助他們了解這一切都是有希望的，而他們所要向你購買的，正是這種希望。

4.具有幽默感

「幽默是具有智慧、教養和道德上優越感的表現。」

在人們的交往中，幽默更是具有許多妙不可言的功能。幽默的談吐在推銷場合是離不開的，它能使那些嚴肅緊張的氣氛頓時變得輕鬆活潑，它能讓人感受到說話人的溫厚和善意，使你的觀點變得讓人容易接受。

幽默能產生活潑交往的氣氛。在推銷各方正襟危坐、言談拘謹時，一句幽默的話往往能妙語解頤，舉座皆歡，來賓們開懷大笑，氣氛頓時就可以活躍起來。

每個人都有自己的特長，每個人也都有其崇拜者、欣賞者或者是喜歡的人。可是有一種個性卻是人人喜歡，能夠左右逢源，這就是「爽朗幽默」。在人生的各種際遇中，幽默是人際關係的潤滑劑，它是善意的微笑代替抱怨，避免紛爭，使你和別人的關係變得更加和諧。

這正如心理學家凱薩琳所說的：「如果你能使一個人對你有好感，那麼也就可能使你周圍的每個人，甚至是全世界的人，都對你有好感。只要你不只是到處與人握手，而是以你的友善、機智和幽默去傳播你的資訊，那麼時空距離便會消失。」

人是一種矛盾的動物，他一方面不堪忍受長時間的孤獨寂寞，要與他人交流溝通，具有群居性；另一方面，人們對陌生人總有一種戒備心和恐懼感。

所以，碰到陌生人的第一個反應，便是關起心扉，然而又並不僅僅如此，他還想去了解探察別人。如果這個陌生人表現出爽朗善意、幽默的談吐風度，對方便會慢慢了解到你並非「來者不善」，從而謹慎地打開心扉。

某雜誌社向全國各地寄發了大量訂閱單。預約期到了，可是回收率卻不很高，於是他們又進行了一次全國性徵訂。這次的徵訂單上畫了一副漫畫：負責訂閱的小姐因為沒有收到貴公司訂閱的回音，正在傷心哭泣。

這種推銷可以說是高級的強迫推銷，不但不會使客戶反感，而且收效很好，原因便在於它的含蓄和幽默。

幽默的人很容易打開別人的心扉。不但容易打動異性的心，也容易打動客戶的心。所以幽默的個性不僅能造出情場高手，也容易造出推銷高手。

5. 把握玩笑的智慧

讓工作充滿歡笑，也要具有一定的智慧。

在開玩笑時要維護雙方的尊嚴，不傷到對方的心，並使他和自己的生活時時刻刻地充滿了風趣和快樂。

這樣的人，便是一個令人快樂的成功交際家。

生活和工作都需要歡樂和笑謔的陽光，但陽光過於強烈，卻很容易摧毀友誼和愛情這些過於嬌嫩的花朵。

因此，在公共場合中，開開玩笑雖然可以活躍氣氛，顯示出你智慧的幽默，但你要記住，把握住玩笑的分寸。

玩笑開過頭，樂極生悲，弄得大家不歡而散，對你和對方都會造成不快的影響。

不要把自己的快樂建築在別人的痛苦上。因此，開玩笑時，不應取笑他人的生理缺陷，例如駝背、斷足、痲臉等等。也不要笑別人考試沒過關，做生意虧了錢，或別人衣衫襤褸……

對於這些東西，你應該顯示你仁厚的同情心，去安慰、鼓勵他們，讓他們覺得你是個有情有義的人。他們會對你產生信任及尊敬，無形中你便建立了領導威嚴。

把你的聰明機智運用到智慧的幽默中來，使別人和自己都享受快樂。這樣，你就得到更多喜歡你、欽佩你的人，獲得更多支持和關心你的朋友。

6. 嘲笑自己的錯誤

很多時候，一笑置之的對象會是你自己。有時候，自嘲一下可以使你從窘迫的情況中跳脫出來。

我們都知道事先準備妥當的重要性，尤其是你如果想在客戶面前做一些現場表演的展示時，千萬不能出錯。

為此，你在出門前，總是會再三檢查一遍的，例如：油箱加滿了嗎？電壓開關是否調到一百一十伏特的位置？是否帶足了各種不同食物，以便展示食物處理器？……

然而，百密總有一疏，而且有很多事情是你也無法控制的，就算你是最頂尖的推銷員也不例外。

你是否還記得你在現場表演展示中所出的各種意外：當你正在施加拉力，以證明產品所使用的材料具有高強度的時候，卻沒想到突然就啪啦一聲，產品爆裂斷掉了；當你正要打開一瓶葡萄酒，結果就在五十多人面前，噴出的葡萄酒灑滿了你的上半身。當然，更窘迫的情況是，當你要使用投影機時，燈泡突然燒壞，而備用盒中卻空空如也。

我們或多或少地都會犯這些不同程度的錯誤。如果你從來沒有在展示時出過錯，那也只是證明了你在推銷業中的資歷不是很深。

有一次，麥克正向一群運輸業者展示一種高質量的機油。一切都很順利，觀眾也都很專心。

麥克拿著兩支各裝不同質量機油的試管，每一支試管都用橡膠墊封住了開口。當他要把試管倒立過來比較機油滑落的速度時，沒想到兩支試管的橡膠墊卻都脫落。一時間，機油灑滿講台，麥克的全身上下也被波及，而他手中高高舉著兩支空空的試管。

結果如何？麥克看著觀眾，觀眾也看著麥克。麥克看到角落處有位觀眾的嘴角突然抽動了一下，接著麥克自己開始大笑出來。

麥克站在臺上大笑，全屋子的觀眾也跟著大笑。

麥克當時如果用很正經八百的態度來處理，就會變成一場很失敗的展示會。出了這麼大的糗事，麥克還能大笑出來，顯示出他不會很在乎這個小意外，所以觀眾也不會覺得他陷入窘境。

有時候，如果你遇到很糟糕的情況或意外時，大笑一番往往是替你解圍的好方法。觀眾一定知道這是意外，而且，他們也可以藉此機會知道，你是不是一個碰到突發情況便手足無措的人。

7. 口舌之爭，百害而無一利

口舌之爭是百害而無一利的，在第二次世界大戰結束後的某一晚，卡爾就得到了這樣一個極有價值的教訓。

有一天晚上，卡爾參加了一次爲推崇史密斯爵士而舉行的宴會。宴席中，坐在他右邊的一位先生講了一段幽默故事，並引用了一句話，意思是：「謀事在人，成事在天。」

那位健談的先生提到，他所徵引的這句話出自《聖經》。他錯了，卡爾知道。而且卡爾很肯定地知道出處，一點疑問也沒有。

爲此，卡爾糾正了那位先生的錯誤，然而，他立刻反唇相譏：「什麼？出自莎士比亞？不可能！絕對不可能！這句話出自《聖經》。」他很確定地說道。

那位先生坐在右邊，而卡爾的老朋友法蘭克．葛孟在他左邊。他研究莎士比亞的著作已有多年，於是他們決定向葛孟請教。葛孟聽了，在桌下踢了卡爾一下，然後說：「卡爾，你錯了，這位先生是對的。這句話出自《聖經》。」

那晚回家的路上，卡爾對葛孟說：「法蘭克，你明明知道那句話出自莎士比亞。」

「的是，當然，」他回答，「哈姆雷特第五幕第二場。可是親愛的卡爾，我們都是宴會上的客人。爲什麼要證明他錯了？那樣會使他喜歡你嗎？爲什麼不保留他的顏面？他並沒有問你的意見啊！他不需要你的意見。爲什麼要跟他抬槓？永遠避免和人家正面衝突。」

永遠避免和人家正面衝突，尤其是和你的推銷對象。

不論你們爭辯什麼，你是得不到任何好處的。

爲什麼？

如果你的勝利，使對方的論點被攻擊得千瘡百孔，證明他一無是處，那又怎麼樣？你會覺得洋洋自得。

但他呢？你使他自慚，你傷了他的自尊，他會怨恨你的勝利。而且，「一個人即使口服，但心裏並不服。」

潘恩人壽保險公司立下了一項鐵則：「不要爭論。」眞正的推銷精神不是爭論，人的心意不會因爲爭論而改變的。

正如睿智的班傑明．富蘭克林所說的那樣：「如果你老是抬槓、反駁，也許偶爾能獲勝；但那是空洞的勝利，因爲你永遠得不到對方的好感。」

因此，你要自己衡量一下：你是要那種字面上的、表面上的勝利，還是別人對你的好感？

林肯有一次斥責一位和同事發生激烈爭吵的青年軍官。「任何決心有所成就的人，」林肯說，「絕不肯在私人爭執上耗費時間。爭執的後果不是他所能承擔得起的，而後果包括發脾氣，失去了自制。要在跟別人擁有相等權利的事物上多讓步一點；而那些顯然是你對的事情上，就少讓步一點。」

8. 笑對挫折

世上的種種事情，到頭來都會成爲過去。因此當我們心力衰竭時，要安慰自己，這一切都會過去。

悲傷、悔恨、挫折的淚水在商場上毫無價值，只有微笑可以換來財富，善言可以建起一座城堡。

斯巴達說：「有許多人一生之偉大，來自他們所經歷的大困難。」精良的斧頭、鋒利的斧刃是從爐火的鍛鍊與磨削中得來的。

挫折和逆境不是我們的仇敵，而是我們的恩人。逆境可以鍛鍊我們「克服逆境」的種種能力。

森林中的大樹，不與暴風猛雨搏鬥過千百回，就不會長有結實的樹幹。人不遭遇種種挫折，他的人格、本領也不會長得結實。

一切的磨難、憂苦與悲哀，都是足以助長我們、鍛鍊我們的。

挫折與憂苦，能將我們的心靈炸破。在那炸開的裂縫中，會有豐盛的經驗、新鮮的歡愉，不息地噴射出來！有許多人不到窮途潦倒，不會發現他自己的力量。災禍的折磨，足以助我們發現自己。困苦、逆境，彷彿是將他的生命煉成「美好」的鐵錘與斧頭。

挫折足以喚起並燃起一個人的熱情，推醒一個人的潛力而使他達到成功。有本領、有骨氣的人，能將「失望」變爲「扶助」，像蚌殼能將煩惱它的沙礫化成珍珠一樣。

鷲鳥一旦羽毛生成，母鳥會將牠們逐出巢外，使牠們做空中飛翔的練習。那種經驗，使牠們能於日後成爲禽鳥中的君王和覓食的能手。

對待挫折的正確態度，是拒絕接受有長期挫折可能的態度。維持這種態度的最好方式，在於充分發展自己的意志力，將挫折看成挑戰和考驗。

這個挑戰，應該被接受爲一項刻意傳達的資訊，必須適度修正自己的計畫。

看待挫折就好像看待病痛一般。

顯然，肉體上的病痛是大自然通知個人的一種方式，說明有些事情需要加以注意及矯正。病痛可能是福氣，而非禍因。

同理，當人遭遇挫折時所經歷的心理痛苦，或許會帶來不舒服的感受。然而，它卻是有益的，因爲它是一項阻止個人繼續走上歧途的資訊。

11 學會控制情緒

「每個人的生活都有問題，但我認為問題是上帝給我的禮物，每次出現問題，把它解決後，你就會變得比以前更強大。」
「一切由我控制。」

——喬・吉拉德

1. 能夠自律

只有控制情緒，才可以使每天卓有成效。

除非你心平氣和，否則迎來的又將是失敗的一天。

如果你為客戶帶來的是風雨、憂鬱、黑暗和悲觀，那麼他們也會報之風雨、憂鬱、黑暗和悲觀，而他們什麼也不會買。

相反地，如果你爲客戶獻上歡樂、喜悅、光明和笑聲，他們也會報之以歡樂、喜悅、光明和笑聲，你就會獲得銷售上的豐收，賺取成倉的金幣。

一個善於自律的人，是離成功最近的人。他不能容許任何事物摧毀人世間的自信，也不改變他的計畫。

每一種反面的情緒，都能被轉化成建設性的力量，用來達到所希望的目標。

自律使人把不愉快的情緒改變成一種推力。每經過一次這樣的自律，個人的意志力就會更旺盛一分。

必須切記，潛意識會接受個人所持有的「心態」，而採取適當的行動。如挫折被看成更大行動的刺激，這種挫折將會成爲永遠的失敗。所以，個人養成由每一次挫折中尋求好處的習慣，是多麼地重要。這樣的自律是訓練意志力量較好的方式，同時又能使潛意識出現有利的行動。

人能受習慣的約束。失敗能變成一個習慣。不僅僅失敗能夠成爲習慣，窮困、憂愁、悲觀莫不如此。

任何一種心理狀態，不論是正面或反面的，當它一開始主宰個人的心智時，就形成了習慣。

爲此，你要讓熱情、樂觀、光明的心理發揮作用，控制好自己的情緒，使你在面對別人時能夠心平氣和，給人以舒適溫暖的感覺。

2. 減少憤怒

作爲推銷員，要更能體察別人的情緒變化。你要寬容怒氣沖沖的人，因爲他尚未懂得控制自己的情緒。另一方面，你要能夠克制自己的憤怒情緒，不要讓它到處亂噴。

在心理學上有人提及：發怒有益於健康。但是，發怒後有個問題：你無法收回你在憤怒時對別人說的話，或是撤回你在憤怒中，對別人所採取的行動。

發怒的行爲會成爲習慣，發怒的結果會威脅到生活的價值。經常發怒的人必然缺乏自尊。他們把每一種不同的意見，都看作是刁難，以及對個人的挑戰。

我們生活中所遭遇的困難，有90%是出於自己的想像。

我們都「自找麻煩」，並對自己戰鬥。因爲我們對日常大部分的問題，正確的反應就是戰鬥，或是逃之夭夭。

最好還是學習適應各種生活狀況，不要採取警覺與抵抗的反應。

經常性的警覺與抵抗，容易導致未老先衰。情緒上煩躁不安的人，會提早消耗儲存的精力，更會提早結束他們的生命。

不要因爲客戶發怒，你便怒不可遏，要知道，那正是你應當平和的時候。

如果你想要發怒的時候，請先想想這種爆發會產生什麼影響。

如果你知道發怒必定會有損於你的利益，那麼最好約束你自己，無論這種自制是多麼地吃力。

如果因小事而急躁，就找一種發洩的辦法。然後平和起來，保持你的精力，以準備大事臨頭時應付，因爲大事是要極大的自制力的。

一些小小的煩惱如果不釋放出來，便會堆聚成一種長期的積憤，到大事來時便完全不能自制了。

所以，如果在生活中，一些瑣碎的事情使你老是煩躁不安，你最好是休息一下，或是散步，或是運動，或者至少你要找出使你煩躁的原因，然後想辦法解除。

3.經常反省自己

控制情緒的另一個辦法，就是要經常反省自己，從不同角度分析自己對人生、對事物、對別人、對自己是持什麼樣的看法和態度。

若一個人的思想被遲鈍、有害的各種病態心理占據著，熱情就缺乏生長和生存的土壤。要改變這種狀態，關鍵需要自己作出努力。要不斷地鼓勵自己，給自己打氣。

要常常對自己說：

「我有幸福、幸運的每一天，我會盡力去做，去爭取每一次的機會，而且我得到過，今天和明天還將會得到。我的努力可以換得我的快樂與充實。」嘗試著這樣充滿信心與熱情去投入工作和生活，你就必然會走運。

每時每刻，記住祛除心理上的病態，消除抑鬱與自卑，這是很重要的。人的內心經常會發生心理戰，占據優勢的心理往往左右你的言行，也影響著你的一生。

病態的心理可以使你出現不健康的症狀，而自卑、失敗主義的思想，可以蠶食你的生命，摧毀你的一生。

爲此，你要時時改造自己，喚起自己對生活、對每一件與自己相關事物的熱情，學會對每個人、每件事都做出熱心的樣子，並熱心去做每件事。讓熱情貫穿你的生活，這樣，才不至於讓沮喪、煩惱占據你的心。

4. 消除思想上的蛛網

雖然你的情緒不一定能立即受理智的支配，但它能立即受行爲的支配。你能用理智確定不必要的消極情緒，激勵你行動起來，用積極的感情代替恐懼。

要做到這一點，最有效的方法是使用自我暗示，就是使用自我命令，說出一句能表達你想要成爲什麼樣的人的話。

如果你懷有恐懼，想成爲一個勇敢的人，就可以發出自我命令：「要勇敢！」迅速地重複幾次，緊接著就進入行動。

要成爲勇敢的人，就要勇敢地行動，讓你的思想集中到你所應當做和想要做的事情上。幾乎每個人的思想，甚至最光輝的思想，都籠罩有某種蛛網。

這種蜘蛛網就是消極的感情、情緒、激情，具體表現爲某種不良的習慣、信念和偏見。我們的思想，常常在這些蜘蛛網中變得纏結不清。

有時養成了令人討厭的習慣，想要改正它，有時受外力強烈的引誘去做壞事，於是就像蛛網所捉住的昆蟲一樣，掙扎著去爭取自由。一隻昆蟲可能被蛛網捉住，昆蟲一旦陷入困境，就不能解放自己。

每個人都可以絕對地、天生地控制一樣東西，這就是心態。我們能夠避免心理上的蛛網，也能夠消除這種蛛網。

你敢於消除思想上的蛛網嗎？

如果你答道：「是的。」那你將很高興地用開朗的心胸體察事物。你將很高興地去探索你的心理力量。當你這樣做的時候，創造財富的行動就將引導你走向偉大的發現。

5. 無需過度謹慎

你試過穿針引線嗎？如果試過但又不熟練，你可能會注意到，你把線頭緊緊捏住，然後湊近針眼，企圖把線頭插進那個小孔，但每一次想把線穿過針眼時，你的手就不由自主地顫抖起來，線一下子就穿歪了。

想把液體灌入一個細頸瓶子，也會出現同樣的結果。你的手能夠拿得很穩，然後去貫徹你的意圖。

然而，到了關鍵時刻，不知爲什麼，你的手卻顫抖起來。

在醫學界，這種現象被稱爲「目的顫抖」。

同樣地，當你過於努力或過於「謹慎」地進行推銷時，往往會與上述現象相同。

有時，當你努力地在推銷時防止自己不犯錯，卻總會把推銷弄得一團糟。

這時，放鬆的技巧鍛鍊可以幫助你，而且往往能收到明顯的效果。

透過這種鍛鍊，你可以學會放鬆過度的努力和過度的「目的性」，從而避免錯誤和失敗時產生的過度謹慎。

過度謹慎或過於擔心犯錯，是過度否定回饋的一種形式。就像在口吃的病例中那樣，口吃的人想事先知道可能犯的錯誤，爲了避免錯誤而過於謹慎，其結果是產生抑制和破壞行爲。

過度的謹慎和焦慮關係非常密切，兩者都是過分關心可能出現的失敗和錯誤，過分努力想保持正確。

你過於謹慎，想要造成一個好印象，反而阻塞、限制和壓抑了你的創造性自我，其結果是形成一個不好的印象。

給別人造成好印象的方法是：

- 永遠不要有意識地「想」讓他們對你印象好。
- 永遠不要僅僅爲了有意識地構想的效果而行動或者不行動。
- 永遠不要有意識地「猜想」別人會怎樣考慮你和評價你。

6.保持內心的平靜

我們每個人內心都需要有一間靜室，一個恬靜的中心，就像海洋深處，從來不受侵擾，不管海面上有什麼樣的狂風巨浪。

內心的靜室是用想像力建造的。它的作用就像是心理上和感情上的減壓艙，消除你的張力、憂慮、壓迫力和拉力，使你精神煥發，使你經過充分準備之後，回到日常工作的環境中去。

我們每個人的內心都有一個平靜中心，從不受干擾，從不產生波動，像是一個車輪或軸承的數學中心點一樣，永遠保持靜止。

我們所要作的，就是去尋找內心的這個靜點，定期回到裏面去休息、靜養、恢復活力。

一天之中，你總能從繁忙的約會中擠出一點空閒時間，回到你平靜的房間裏稍事休息。當你開始覺得緊張感增強或煩惱時，回到你平靜的房間裏待上幾分鐘。

以這種方法，從繁忙的一天中只要抽出幾分鐘，就能得到莫大的報償。這不是浪費時間，而是一種時間投資。

想像自己爬上樓梯，走進房間。對你自己說：「我現在正在上樓——現在我打開房門——我已經進屋了。」在想像中注意一切安謐、平和的細節。

想像你坐在喜愛的長椅上，完全放鬆，與世無爭。你的房間是安全的，沒有東西能觸及你，沒有什麼可擔憂的事情，因爲你把它們丟在樓梯下面了。在這裏你不必做什麼決定，無需匆忙，無需煩惱。

在完全放鬆、寧靜和泰然的狀態下，是不可能感到恐懼、憤怒或者焦慮的。

因此，退回你的「靜室」就成爲情感上和情緒上最理想的清理機制。舊的情緒蒸發得乾乾淨淨，同時，你也能體驗到平靜、安寧和自足的情緒。

7.用傾聽控制煩躁

推銷不是要「喋喋不休」或「高談闊論」，而是要拿出更多的精力來聽。你要善於聽取客戶的要求、需要、渴望和理想，善於聽取和蒐集有助於成交的相關資訊。作爲推銷員，你要知道，有時候聽比說更重要。

當你不再喋喋不休地介紹你的產品，而是聽聽客戶想說什麼時，你至少從中得到了三個好處：

第一，表達了你對他的尊重。

人人都喜歡被他人尊重，受到別人的重視。當你專心地聽，努力地聽，甚至是聚精會神地聽時，客戶一定會有被尊重的感覺，因而可以拉近你們之間的距離。

第二，傾聽才能思考。

如果推銷中所有的話都是單方面由你在講，那麼客戶就會不斷地退，你越是不斷地說很好，客戶越是覺得煩惱，銷售成績自然不佳。

當你在強力推薦商品時，不斷重複的話語，充其量只是在演練先前所學習的說詞而已，並沒有時間去思考另一種說法，也無法針對客戶的問題加以解答。

如果你能讓客戶說出心中的想法，你可以利用在一旁傾聽的時間空檔想其他對策，使成交的機率增加。

第三，可以找出客戶的困難點。

面對面的銷售時最令人洩氣的問題，莫過於客戶冷淡的反應與不屑的眼光，這對於推銷員的信心是十分嚴重的打擊。

許多客戶在問答之中，只會應付式地說幾句客套話，正是因爲擔心說出他的需求後，會被推銷員逮住機會而無法逃脫，所以客戶會在與你應對時，盡可能地採用能拖就拖、能敷衍就敷衍的策略來拖延。

要去除這種困擾，只有想辦法讓客戶說，並且在詢問的過程中，令他務必說出心中的想法及核心的問題，才能找到銷售的切入點。

據專家統計指出，我們的說話速度是每分鐘一百二十至一百八十個字，而大腦思維的速度卻是它的四到五倍。所以對方還沒說完，我們早就理解了，或對方只說了幾句話，我們就已經知道他全部要說的意思了。

這時，思想就容易開小差，同時在外表上會表現出心不在焉的潛意識動作和神情，以至對客戶的話語「聽而不聞」。

當說話者突然問你一些問題和見解時，如果你只是毫無表情地保持緘默，或者答非所問，對方就會十分難堪和不快，覺得是在「對牛彈琴」。

越是善於耐心傾聽他人意見的人，推銷成功的可能性就越大，因爲聆聽是褒獎對方談話的一種方式。

8.容忍客戶的抱怨

抱怨是不滿意的表露，客戶對購買產品的抱怨，往往產生於需求與滿足的矛盾之中。客戶的目的沒有達到，客戶的願望沒能實現，因而透過情緒、語言和行動上的不滿，對你進行責怪。正確對待並處理客戶的抱怨，是現代推銷行爲的一項重要內容。

抱怨對推銷的危害性很大，它給客戶以極大的消極心理刺激，使客戶在認識上和感情上與你產生對抗。

一個客戶的嗔怪，可以影響到一大片客戶，他的尖刻評價比廣告宣傳更具權威性。

抱怨直接妨害推銷產品與推銷企業的形象，威脅著你的個人聲譽，也阻礙著銷售工作的深入與消費市場的拓展，對此千萬不能掉以輕心。

不少推銷員把客戶的抱怨視爲小題大作、無理取鬧，這是由於推銷員僅僅把自己當作爲一個旁觀者來看待。

例如，交貨期限比計畫遲了一天時間，從你的立場來看，區區小事一樁，也許就不那麼嚴重，但對客戶來說則是一件大事，遲到的交貨會把一個周密安排的計畫打亂。

假如你事先不瞭解眞實情況，甚至當著客戶的面說什麼「有什麼好值得大驚小怪的？」、「不就是一件小事嗎，何足掛齒？」、「問題不會如此嚴重吧？」那麼這無異於給對方火上加油，當場與你爭執起來，招致雙方反目。

大量實踐證明，只有站在客戶的立場上看待客戶的抱怨，你才能更好地理解客戶抱怨的重要性，積極採取有效措施予以妥善處理。

從推銷的角度分析，當人們心中有了疙瘩，促使其講出來比讓它悶在心中更好。悶在心中的意見總會不時浮現，反覆刺激客戶，這種心理刺激對推銷工作會構成消極的影響，久而久之，你就會因此失去客戶的信任。

客戶有了意見悶在心中，你如果無從得知，始終蒙在鼓裏，繼續進行使客戶不快的促銷做法，這樣會得罪更多的人，屆時情緒會更加對立，再試圖作解釋和挽回工作都屬徒勞。

因此，對待有抱怨的客戶一定要以禮相待，耐心聽取對方的意見，並儘量使他們滿意而歸。即使碰到愛挑剔的客戶，也要婉轉忍讓，至少要在心理上給這樣的客戶一種如願以償的感覺。

如有可能，你要儘量在少受損失的前提下，滿足他們提出的一些要求。假若能讓雞蛋裏挑骨頭的客戶也滿意而歸，如此一來，你將受益無窮，因爲他們當中，一定會有人替你作義務宣傳和義務推銷。

9. 不要逼別人認錯

承認錯誤雖然是一件好事，但願意承認錯誤的人畢竟很少。

心理學家說過，人們只在無關痛癢的舊事情上，才「無傷大雅」地認錯。

這話雖然說來不勝幽默，但到底是事實。由此，也等於證明，你要客戶認錯，是一件蠢事。

既然認錯的人是如此之少，而爭辯的目的也不外乎是想顯出別人的錯誤，所以爭辯就變得很不必要。

前英國首相柴契爾夫人的手法是：「把一種面臨爭辯的事情暫且擱下。」不要小看這種拖延的措施，它可以產生一種意想不到的功效，那就是讓別人有機會去反省自己的錯誤。大多數人在感覺事情未能解決時，總要自己花點時間來想一想的。

推銷的最高境界，是你絕沒有使用任何強制手段，而使對方照著你的意思去做。

感情是人類的優點，也是弱點，利用這種優點也是弱點去進行推銷，可以說是事半功倍。因為通常對一件事情，大多數人都是用「三分理智，七分感情」去判定的。

當你在進行推銷時，用「七分理智，三分感情」，這些多半是屬於成功的。

當對方用「七分感情，三分理智」接受你的推銷時，整個推銷成績將屬於你，而對方也絲毫不感到難過。

某新入行的推銷員，成績超過其他老資格的同事，這使大家都感到奇怪。後來研究表明，原來他專向原已認識的朋友入手，這樣他可以利用三分朋友的感情去襯托那本來是百分之百的理智性應酬。

應酬不是討論，所以如果你硬要糾正客人的見解，那是不必要的。

12 養成好習慣

「我的成功來源於我的好習慣。」

「如果看到一個優秀的人，就要挖掘他的優秀特質，移植到你自己身上。」

——喬．吉拉德

1. 好習慣是成功的鑰匙

一個想成功的人，必須明白習慣的力量是如何強大，也必須了解，養成好習慣一定要實際地去做。

他必須時時警惕，去除那些可能破壞他的好習慣的事物，也要趕快養成對自己所追求的事業有幫助的那些習慣。

如果你既沒有做偉大事情的知識，又沒有經驗，而且曾經在無知中遊蕩，也曾跌進過自憐的深淵。那麼，你要如何養成良好的習慣呢？

事實上，這個答案很簡單。要在沒有知識和經驗的情況下，開始你的旅程。

造物主已經給你遠比森林裏的任何獸類都多的知識和本能，只是人們將經驗估價得太高了。

說實在的，經驗是對教訓的總結。但是，要獲得經驗，必須花上很多年的時間。而且，等到人們獲得他的知識的時候，其價值已隨著時間的流逝而減低了。

經驗只是一時的；一個今天很有用的措施，明天不一定就一樣有效和實用。

只有原則可以經久不變。而這些原則現在都在你的手裏。因爲，這些帶你走向偉大之路的原則都寫在這裏。它的教導，會使你防止失敗，獲得成功。

事實上，已經失敗的人和已經成功的人之間，唯一不同的地方，在於他們不同的習慣。

良好的習慣，是一切成功的鑰匙。壞的習慣，是通向失敗的敞開之門。因此，要遵守的第一個法則就是：要養成良好的習慣，並全心全意地去實行。

在你一生過去的行爲當中，你的行動受俗念、情感、偏見、貪婪、恐懼、環境、習慣所支配。而這些暴君裏，最壞的就是習慣。

因此，如果決定要全心全意服從習慣的話，一定要全心全意服從良好的習慣。

必須將壞習慣全部摧毀，準備在新的田畦播下新的種子。

2.每天都是你新生命的開始

培養良好習慣的一個重要方法，就是不斷地運用心理暗示。你要鄭重地對自己宣誓說，沒有人能夠阻礙你新生命的成長。你要對你自己說：

「今天是我新生命的開始。我要脫去我的舊皮，因爲它早就受盡了失敗的創傷。

「今天我又一次再生，葡萄樂園是我的出生地，這裏的水果大家都可以品嘗。

「今天我要在這葡萄樂園裏，從那枝最高而且結果最多的葡萄藤上，摘下智慧的葡萄。因為，這些葡萄是我這個職業裏最賢德的人，一代一代種植下來的。

「今天我要嘗一嘗這些葡萄的滋味，還要吞下每一粒成功的種子，使新生命在我心裏萌芽成長。

「我所選擇的這個行業，充滿機遇，沒有悲傷和失望。而那些已經失敗的人，如果將他們一個個地疊起來，會比地面上的金字塔還高。

「但是，我像另外一批人一樣，不會失敗。因為我的手裏握有航海圖，指示我游過波濤洶湧的海洋，到達彼岸。過去的，只是一場夢罷了。

「失敗不再是我奮鬥的代價。

「失敗像痛苦一樣，不適合我的生活。過去我曾接受它，那是因為我需要痛苦。現在我拒絕它，這是因為我有了智慧和原則，指引我走出陰暗，進入富庶、幸福和遠超過我夢想的康莊大道。在那裏，金蘋果園裏的金蘋果也不過是給我的一點點報酬而已。」

當你每天重複念這些話的時候，它們很快就會成為精神活動的一部分。最重要的是，它們會溜進心靈，變成奇妙的泉源，永不停止，創造幻境，並使你做出你不能理解的事情。

當這種話語被奇妙的心靈完全吸收的時候，每天早晨，你便開始帶著以前從來沒有過的一種活力醒來。

你的元氣將會增加，你的熱忱將會升高，你迎接世界的欲望將會克服一切恐懼，你將會比你想像中的更快樂。

3.會休息，才會工作

推銷是漫長而艱難的道路，每天都有意想不到的事等著你去處理。你得應付各種不同類型的人，你得充滿熱情、喚起鬥志。這就需要你每天都精力十足、精神抖擻。然而，長時間無節制地工作，並不是努力的表現。會工作還要會休息，你得防止疲勞和倦怠的情緒。

疲勞容易使人產生憂慮，或者至少會使你較容易憂慮。疲勞同樣會減低你對憂慮和恐懼等感覺的抵抗力，所以，防止疲勞也就可以防止憂慮，能使你的工作更有效率。

任何一種精神和情緒上的緊張狀態，完全放鬆之後，就不可能再存在了。

這就是說，如果你能放鬆緊張情緒，就不可能再繼續憂慮下去。

所以要保持工作的效率和熱情，首先要做到常常休息，在你感到疲倦以前就休息。

在第二次世界大戰期間，邱吉爾已經六十多歲了，卻能夠每天工作十六個小時，一年一年地指揮英國作戰，實在是一件很了不起的事情。

他的秘訣在哪裏？

他每天早晨在床上工作到十一點，看報告、口述命令、打電話，甚至在床上舉行很重要的會議。吃過午飯以後，再上床去睡一個小時。到了晚上，在八點鐘吃晚飯以前，他再上床去睡兩個鐘頭。

他並不是要消除疲勞，因爲他根本不必去消除，他事先就防止了。因爲他經常休息，所以可以很有精神地一直工作到半夜之後。

休息並不是完全什麼事都不做，其實休息就是修補。

在短短的一點休息時間裏，就能有很強的修補能力。即使只打五分鐘的瞌睡，也有助於防止疲勞。

雖然你不可能想睡時就能躺在床上或沙發上，但你在拜訪客戶的路上，等待接見時和坐在車上的空檔時間裏，你都可以抓緊時間休息一下。

常常休息，在你感到疲勞之前先休息，然後你每天清醒的時間，就可以多增加一小時，你的工作也會更有效率。

4. 消除精神上的疲勞

心理治療專家們都說，我們所感到的疲勞，多半是由精神和情感因素所引起的。絕大部分我們所感到的疲勞，都是由於心理影響。事實上，純粹由生理引起的疲勞是很少的。

什麼心理因素會影響到推銷員，使你我感到疲勞呢？

是快樂？是滿足嗎？當然不是。而是煩悶、懊悔，一種不受歡迎的感覺，一種無用的感覺，太過匆忙、焦急、憂慮，這些都是使我們感到精疲力盡的心理因素。

大都會人壽保險公司，特別在教育推銷時指出了這一點：

困難的工作本身，很少造成好好休息之後不能消除的疲勞……，憂慮、緊張和情緒不安，才是產生疲勞的三大原因。

通常我們以爲是由勞心勞力所產生的疲勞，實際上都是由這三個原因引起的……。請記住！

緊張的肌肉，就是正在工作的肌肉。應該要放鬆，把你的體力儲備起來，以應付更重要的責任。

碰到這種精神上的疲勞，應該怎麼辦呢？

要放鬆！放鬆！再放鬆！要學會在工作時放輕鬆一點。

緊張是一種習慣，放鬆也是一種習慣，而壞習慣應該袪除，好習慣應該養成。

每天檢討自己一次，問問你自己：「我有多疲倦？如果我感覺疲倦，這不是我過分勞心的緣故，而是因爲我做事的方法不對。」

5. 培養開闊的胸襟

在人生的舞臺上，你想要成爲一名成功人士，扮演重要的角色，就要把自己的性格塑造得更得人心，這樣你就會更接近成功。

「性格」問題是人生的大問題之一。

人際之間似乎經常會格格不入，很多困擾及難題的產生，均起因於人與人之間不能和諧相處。

由於彼此個性的衝突，造成了多少交易的失敗、友誼的決裂，個性使得我們的工作困難重重。

然而，在這個問題上，我們都具備最大的威力——做選擇的能力。

你可以讓自己做一個友善的人，也可以去做一個難處的人。

你可以熱心助人，也可以拒人於千里之外。

你可以與人虛心合作，也可以固執己見。

你可以使自己激動，也可以要自己冷靜。

你可以讓自己發脾氣，也可以讓自己對那些原本會使你生氣的事淡然處之。

你可以去做一個和藹可親的人，也可以做一個尖酸刻薄的人。

你可以信任別人，也可以對誰都不信任。

你可以自以爲人人都與你爲敵，也可以自信大家都喜歡你。

你可以乾乾淨淨、清清爽爽，也可以邋邋遢遢、不修邊幅。

你可以蹉跎、倦怠，也可以雄心勃勃……

難道你不能自己做選擇嗎？

當然能，也只有你有這種權利。

6.做到從容不迫

在任何場合下，如果你能夠保持從容不迫、順應自然的態度，這樣任何推銷都難不倒你。

一些偉大的人物都是一些「鎮靜」的高手，面對突然變故，仍然鎮定自若。因爲他們懂得，不能慌，慌則無法思考應付的妙招。

如果你感到慌張，你的大腦就失去了正常的思考能力，你就會丟三落四，語無倫次。

許多人掉了重要東西，或者說話說漏了嘴，就是因爲心裏有「鬼」，慌裏慌張。

這種時候，你要有意地放慢你動作的節奏，越慢越好，並在心裏說：「不要慌！千萬不要慌！」

動作和語言的暗示會使你慢慢鎮靜。你的大腦就會恢復正常的思考，以應付周圍發生的事情。這一點在你面對客戶時尤其重要。

沒有見過大場面的人，一到人多的場所，就會全身不自在。克服這種心理的方法，是把所有的人都當做朋友，點點頭，大聲招呼，別人也就自然會致意回報。雖然他可能永遠也無法想起曾經在哪裏認識你，但是你卻因此消除了緊張。

有機會你就主動當眾講講話。自我考驗，你就會養成從容不迫的習慣。

13 馬上付諸行動

「我一定會讓你買我的車，因爲我一直在行動。」
「走出去，讓大家都認識你。」

——喬．吉拉德

1. 行動就是力量

行動就是力量。

無論你的計畫多麼詳盡，你不開始行動，就永遠無法達到目標。

在一生中，我們有著種種的計畫，若能夠將一切憧憬都抓住，將一切計畫都執行，那在事業上所取得的成就，將是多麼的偉大！

希臘神話告訴我們，智慧女神美納娃，突然從丘比特的頭腦中披甲執戈一躍而出。人們的最大創意、憧憬，也像美納娃一樣，往往是在某一瞬間，突然從頭腦中很完備、很有力地躍出來的。

凡是應該做的事，拖延著不立刻做，想留待將來再做，有著這種不良習慣的人總是弱者。

凡是有力量、有能耐的人，總是那些能夠在一件事情保持新鮮及充滿熱忱的時候，就立刻迎頭去做的人。

2. 事在人為

不要認爲自己的行爲是微不足道的，也不要低估你的行動力。

你所做的每一件事，所說的每一句話，以及你所見別人的言行舉止、聽到他人的言談，都不僅會對自己產生影響，也會對周圍的世界產生很大的影響。

在這個世界上，並不存在著卑下的人。

美麗的珍珠，往往藏在其貌不揚的蚌殼裏。

山底下的燈雖不如山頂的燈那麼地位顯赫，但它仍在忠實地燃燒著，照亮自己力所能及的範圍。

不管在什麼樣的情形下，不管在什麼地方，無論在山村茅屋、田野隨居還是在小鎮陋巷中，不管其表面情形看起來何等不幸、何等惡劣，眞正的大人物都可能在其中誕生。

一切都在於人自己，在於你能否充分地利用一切機會，擇善而從的行動。同樣的環境、同樣的條件，有不同的人，就會產生不同的行動。

一個人能否主宰自己，是他成爲什麼樣的人的一個決定性因素。任何事情都是事在人爲。

3. 現在就去做

不要把今天的事情留給明天，因爲明天是永遠不會來臨的。現在就去行動吧！即使你的行動不會帶來快樂與成功，但是動而失敗總比坐而待斃好。

行動也許不會結出快樂的果實，但是沒有行動，所有的果實都無法收穫。

種下行動就會收穫習慣；種下習慣便會收穫性格；種下性格便會收穫命運。

你可以選擇自己的習慣，在說過「現在就去做」以後，就必須身體力行。無論何時必須行動，「現在就去做」的象徵從你的潛意識閃到意識裏時，你就要立刻行動。

許多人都有拖延的習慣。因爲拖拖拉拉耽誤了上班，與客戶約會時遲到，甚至更嚴重——錯過可以改變自己一生、使自己變得更好的良機。

「現在」就是行動的時候。

當清晨醒來時，失敗者流連於床榻，你卻要開始行動。外出推銷時，失敗者還在考慮是否會遭到拒絕的時候，你要展開行動，面對第一個來臨的顧客。

面對緊閉的大門時，失敗者懷著恐懼與惶惑的心情，在門外等候。你要開始行動，隨即上前敲門。

只有行動才能決定你在商場上的價值。

你要前往失敗者懼怕的地方，當失敗者休息的時候，你要繼續工作。失敗者沈默的時候，你要開口推銷。

現在就去做。

「現在就去做」可以影響你生活中的每一部分，它可以幫助你去做該做而不喜歡做的事；在遭遇令人厭煩的職責時，它可以教你不推拖延遲；它會幫你抓住寶貴的刹那，這個刹那一旦錯過，很可能永遠不會再碰到。

4.克服懶惰

無論對從事何種類型工作的人而言，懶惰都是一種墮落的、具有毀滅性的東西。

懶惰、懈怠從來沒有在世界歷史上留下好名聲，也永遠不會留下好名聲。

懶惰是一種精神腐蝕劑。

因爲懶惰，人們不願意爬過一個小山崗；因爲懶惰，人們不願意去戰勝那些完全可以戰勝的困難。

因此，那些生性懶惰的人，不可能在社會生活中成爲一個成功者，他們永遠是失敗者。

成功只會光顧那些辛勤勞動的人們。

懶惰是一種惡劣而卑鄙的精神重負。你一旦背上了懶惰這個包袱，就只會整天怨天尤人，精神沮喪，無所事事。

那些遊手好閒、不肯吃苦耐勞的人，總是有各種漂亮的藉口。他們不願意好好地工作、勞動，卻常常會想出各種主意和理由，來爲自己辯解。一心想擁有某種東西，卻害怕、不敢或不願意付出相應的勞動，這是懦夫的表現。

無論多麼美好的東西，人們只有付出相應的勞動和汗水，才能懂得這美好的東西是多麼地來之不易，因而愈加珍惜它。這樣，人們才能從這種「擁有」中享受到快樂和幸福，這是一條萬古不易的原則。

即使是一份悠閒，如果不是透過自己的努力而得來的，這份悠閒也就不會那麼甜美了。

不是用自己勞動和汗水換來的東西，你就沒有爲它付出代價，你就不配享用它。

一個無所事事的人，不管他多麼和氣、令人尊敬，不管他是一個多麼好的人，不管他的名聲如何響亮，他過去不可能、現在也不可能、將來也不可能得到眞正的幸福。

5. 大膽地行動

準備非常重要。無論如何，第一步一定要做好準備工作，但緊接著更重要的是採取行動！

小心不要患上「只準備，不行動」的「分析癱瘓症」，你可能花了大量時間準備客戶的資料，結果卻根本不去拜訪。

謹慎的人會嚴謹分析大目標，而得到許多較小且較容易達成的單元目標，然後再累積小成就以取得大成功。

如果經過反覆分析，仍然患得患失，不敢付諸行動，就患了所謂的「分析癱瘓症」。

分析和準備本身都不是目的，只是達成目的的手段。你是要藉其完成目標，千萬不可本末倒置，一味的準備，遲遲不展開追求目標的實際行動。

輪子若軋軋作響，自會有人來添油；若不敢大膽行動，就什麼也得不到。

假如不向客戶提出要求，誰會主動買你的產品呢？要掌握機遇，促成某些事情發生。

現在不做，更待何時？自己不做，要誰來做？

我們在世的時間有限，不見得足夠完成一切想做的好事情。不該一直漂浮不定、徬徨遲疑、延遲耽擱，也不該遲遲不採取行動，必須把握有限的光陰，善加利用。

在我們的一生中，有許多重要的人際或社會關係，都是因爲我們鼓起勇氣，採取主動而得以建立的。

假如你對推銷工作已有所準備，就該去做。只有付諸行動，才能使你的準備更加周全，能力才能獲得增強。

資質平庸的人若能勤奮，其成就會超過秉賦優異而不努力的人。奮鬥可以創造出價值。

未經一番寒徹骨，哪得梅花撲鼻香。

要主動展開行動，努力奮鬥！這麼做絕對值得。

6.行動和思考相結合

如果要漂亮行動，必須事先有所準備。但是，有許多達成目標所需的計畫、準備及策略規劃工作，往往要等你開始執行時，才能進行。

我們著手做事，不論對錯，都會得到回饋；而這些回饋的資訊，大多是我們追求成功最初階段時，所無法獲得的資訊。

必須實際行動之後，才能產生新資訊，這些新資訊不僅充實我們既有的策略，補足若干先前未曾發現的細節內容，還可以指引我們調整大小方向。

人生中有的事情是相當無奈的，每個人在展開新歷程之前，皆無法確切瞭解自己究竟走向何方，也無法完全清楚究竟該如何達成目標。

我們總是邊走邊學的。假如願意調整方向，則新學到的東西對我們都是頗有助益的。

有些東西遠看眩人，趨近一看，卻平平常常；有些東西遠看似乎混沌，但愈靠近愈見其光彩奪目。

推銷旅程的景觀一直在變化：向前跨進，就看到與初始不同的景觀；再上前去，卻又是另一番新的景象。

要能夠隨時掌握推銷的進度與方向，即時做出調整。

無論是每日、每週或是每月做一次確認工作，都能夠讓你維持正確的方向，並且快速地成長。

你必須隨時準備面對出乎意料的情況——這些情況會引導你走向未曾計畫之處。

你必須知道，通往成功的道路往往迂迴曲折，一定要預先做好應對準備。從出發點A到終點Z，不太可能是完全筆直的線，你會時而偏左，時而偏右。

然而，假如你內心中有明晰的前景藍圖，信心十足、計畫周全，具備隨時調節的靈活彈性，便能對推銷路上的一切狀況應付自如。

第四章

喬・吉拉德語錄

◇我要啓動心靈的力量，讓信念之火永不熄滅。
◇我相信我一定能成功。
◇我要健全自己的身體和心靈，以實現我的夢想。
◇我每天都有旺盛的鬥志，掃除推銷中的任何障礙。
◇我是世界上最偉大的奇蹟，我是獨一無二的。
◇我要使自己的個性充分發展，因爲這是我得以成功的一大資本。
◇我的潛力無窮無盡。從今天開始，我就要開發潛力。
◇我要不斷改進自己的儀態和風度。因爲這是吸引別人的美德。
◇我會成功，我會成爲偉大的推銷員，因爲我舉世無雙。
◇我熱愛推銷工作，我爲它而自豪。
◇我要完全地投入工作中，並體會到工作的樂趣。
◇我對推銷充滿了熱情，我對每個人都充滿熱情。
◇我要實現我自己的眞正價值。
◇我要把自己成功地推銷出去。
◇我要表現出自信，展現我的美德。

◇我要讓別人都喜歡我，都注意到我。
◇我喜愛與他人接觸，並從中建立出友誼。
◇我對每個人都很感興趣，我發自內心地感謝他們。
◇我有能力做好推銷工作。
◇我要抓緊一切時間學習。
◇若要加倍我的價值，我必須加倍努力。
◇讓我做那些別人不能完成的工作，從中磨練我的能力。
◇我能把產品推銷給任何人。
◇我不能放低目標。
◇我不滿足於現有的成就。
◇目標達到後，再定一個更高的目標。
◇我要常常向世人宣告我的目標。
◇我要努力使下一刻比此刻更好。
◇我要把一天的時間珍藏好，不讓一分一秒的時間滴漏。
◇我要讓每一分鐘都有價值。

◇我要摧毀拖延的習性。

◇我要拜訪更多的客戶，銷售更多的貨物，賺取更多的財富。

◇只要持之以恆，什麼都可以做到。

◇我絕不考慮失敗，我要儘量避免絕望。

◇每一次的失敗，都會增加下一次成功的機會。

◇我要借鑑別人成功的秘訣，我堅信：明天會更好。

◇只要我一息尚存，就永不停止努力。

◇對一切都要滿懷愛心，這樣才能獲得新生。

◇我要常想理由讚美別人，絕不搬弄是非、道人長短。

◇愛是我打開人們心扉的鑰匙，使他們不再拒絕我推銷的貨物。

◇有了愛，我將成爲最偉大的推銷員。

◇我要笑對世界，忘記一切煩惱。

◇我要用我的笑容感染別人，因爲皺起的眉頭會讓顧客棄我而去。

◇只有微笑可以換來財富。

◇一切挫折都會過去，我要在快樂中生活。

◇學會控制情緒，使每天卓有成效。

◇弱者任思緒控制行為，強者讓行為控制思緒。

◇我控制自己的命運，成為自己的主人。

◇習慣成自然，好的習慣才是我的意願所在。

◇好習慣是開啓成功的鑰匙，壞習慣則是一扇向失敗敞開的門。

◇我要養成良好的習慣，並全心全意地去實行。

◇行動才能實現夢想。

◇不要把今天的事情留給明天，現在就去行動！

◇成功不是等待。如果我遲疑，它就會投入別人的懷抱，永遠棄我而去。

國家圖書館出版品預行編目資料

熱情積極：最偉大的推銷員成功金律／馬里著. --
初版. -- 新北市：華夏出版有限公司, 2023.09
面； 公分. --（Sunny 文庫；289）
ISBN 978-626-7134-85-6（平裝）
1.CST：銷售 2.CST：銷售員
3.CST：職場成功法

496.5 111021616

Sunny 文庫 289
熱情積極：最偉大的推銷員成功金律

著　　作　馬里
印　　刷　百通科技股份有限公司
　　　　　電話：02-86926066 傳真：02-86926016
出　　版　華夏出版有限公司
　　　　　220 新北市板橋區縣民大道 3 段 93 巷 30 弄 25 號 1 樓
　　　　　電話：02-32343788 傳真：02-22234544
E-mail：　pftwsdom@ms7.hinet.net
總 經 銷　貿騰發賣股份有限公司
　　　　　新北市 235 中和區立德街 136 號 6 樓
　　　　　電話：02-82275988 傳真：02-82275989
　　　　　網址：www.namode.com
版　　次　2023 年 9 月初版一刷
特　　價　新台幣 300 元（缺頁或破損的書，請寄回更換）

ISBN-13：978-626-7134-85-6